Erläuterungen

zum Gebrauch organischer Reagentien in der anorganischen Analyse.

Ein Hilfsbuch für das chemische Praktikum

von

Dr. Martin Müller

Assistent am Laboratorium für angewandte Chemie der Universität Leipzig

Berlin und Leipzig 1920

Vereinigung wissenschaftlicher Verleger

Walter de Gruyter & Co.

vormals G. J. Göschen'sche Verlagshandlung :: J. Guttentag, Verlagsbuchhandlung :: Georg Reimer :: Karl J. Trübner :: Veit & Comp.

Druck von Metzger & Wittig in Leipzig.

Vorwort.

Wenn der Studierende in einem chemischen Praktikum zu arbeiten beginnt, hat er erfahrungsgemäß in den meisten Fällen von dem Gebiet der organischen Chemie nur einige unklare Begriffe. Bei seinen Analysen treten ihm bald organische Verbindungen entgegen. Ihm wird die Aufgabe gestellt, organische Säuren zu ermitteln; zum Nachweis bestimmter Körper hat er organische Reagentien zu verwenden. Selbst bei dem besten Willen ist es ihm nicht möglich, sich hier für das, was er praktisch ausführt, ein volles Verständnis zu erwerben. Die analytischen Lehrbücher gehen auf organische Einzelheiten nicht ein. Zieht er organische Werke zu Rate, so scheitert sein Beginnen stets. Die Einzelheiten, die er sucht, findet er fast nie; findet er wirklich etwas, so versteht er es nicht, weil ihm die Kenntnisse fehlen, die an späteren Stellen eines organischen Lehrbuches vorausgesetzt werden. Die Folge ist, daß er nun seine Reaktionen rein mechanisch nach der Vorschrift, ohne inneres Verständnis, ausführt.

Dieses gedankenlose Arbeiten zu verhindern, war von jeher die vornehmste Aufgabe des akademischen Chemieunterrichts.

Das vorliegende Werkchen ist unter diesem Gesichtspunkt verfaßt. Es soll dem Anorganiker das für ihn aus der organischen Chemie Nötige, und nur das, so erläutern, daß er es ohne weiteres verstehen kann. Nach einer kurzen Übersicht über die in Frage kommenden organischen Grundbegriffe werden die im analytischen Praktikum auftretenden organischen Verbindungen ihrem Namen und ihrer Strukturformel nach besprochen. Besonderer Wert ist stets auf den Reaktionsverlauf gelegt.

Der Gebrauch des Büchleins ist in der Weise gedacht, daß der junge Chemiker sich zunächst die einleitende Übersicht geistig aneignet, und daß er dann, wenn ihm bei seinen Arbeiten eine organische Verbindung begegnet, sich über sie genau unterrichtet. Damit nicht bei dieser Art der Benutzung Unklarheiten entstehen, finden sich überall Hinweise auf frühere Stellen.

In einem zweiten Abschnitt ist eine Anzahl weniger bekannte organische Reagentien besprochen. Bei seinen späteren Arbeiten werden dem Chemiker die dort zu findenden Angaben von Nutzen sein können, wenn er sich über eine der in Frage kommenden Verbindungen unterrichten will. Er spart dann das oft umständliche und zeitraubende Suchen in der Literatur.

In vereinzelten Fällen ergab sich die Notwendigkeit, die Angaben analytischer Lehrbücher auf Grund neuerer Forschungsergebnisse richtig zu stellen.

Den Herren Fachgenossen wäre ich für Hinweise jeder Art sehr dankbar.

Leipzig, im Februar 1920.

Martin Müller.

Inhalt.

Einführende Übersicht.

Der Besprechung der einzelnen Reagentien und Reaktionen sei eine kurze Charakterisierung der für die anorganische Analyse in Betracht kommenden organischen Körperklassen vorausgeschickt. Es ist unbedingt notwendig, sich das hier Gegebene anzueignen.

Kohlenwasserstoffe. Die Grundstoffe der organischen Chemie sind die Kohlenwasserstoffe. Sie bestehen, wie ihr Name sagt, lediglich aus Kohlenstoff und Wasserstoff. Der einfachste Kohlenwasserstoff ist die Verbindung CH_4, die den Namen Methan führt.

$$\begin{array}{c} H \\ | \\ H-C-H \\ | \\ H \end{array}$$

Methan

Die vier Wertigkeiten des Kohlenstoffs sind durch vier Wasserstoffatome abgesättigt. Das Methan stellt also den einfachsten überhaupt möglichen Kohlenwasserstoff dar. (Methan ist ein Gas; es findet in der anorganischen Analyse keine Verwendung.)

Von dem Methan läßt sich eine gewaltige Anzahl organischer Verbindungen ableiten und zwar dadurch, daß man ein oder mehrere seiner Wasserstoffatome durch andere Atome oder Atomgruppen ersetzt.

Alkohole. Ersetzt man in einem Kohlenwasserstoff von der Art des Methans ein H-Atom durch eine —OH-Gruppe (Hydroxylgruppe), so erhält man einen Alkohol. Führen wir z. B. in das Methan an Stelle eines H-Atoms eine —OH-Gruppe ein, so haben wir $CH_3 \cdot OH$, den einfachsten Alkohol, der als Abkömmling des Methans als Methylalkohol bezeichnet wird.

$$\begin{array}{c} H \\ | \\ H-C-OH \\ | \\ H \end{array}$$

Methylalkohol

Von Alkoholen finden in der Analyse Verwendung:

1. Methylalkohol 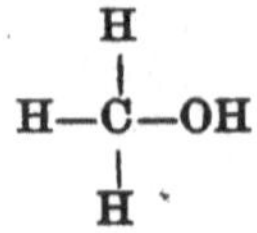 $CH_3 \cdot OH$

2. Äthylalkohol 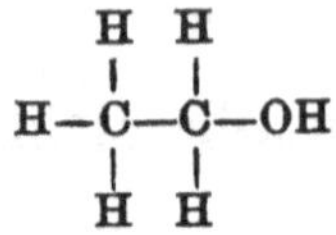 C_2H_5OH

3. Amylalkohol 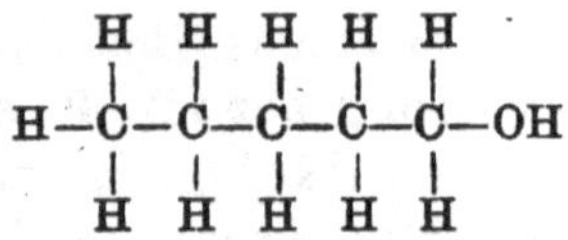 $C_5H_{11}OH$

Wie man sieht, unterscheiden sich die beiden anderen Alkohole vom Methylalkohol lediglich dadurch, daß sie mehr CH_2-Gruppen enthalten als dieser; der Äthylalkohol hat eine CH_2-Gruppe, der Amylalkohol vier CH_2-Gruppen mehr als der Methylalkohol. Solche gleichartigen, nur durch die Anzahl der CH_2-Gruppen unterschiedenen Verbindungen nennt man einander „homolog"; sie bilden eine „homologe Reihe". Die Glieder einer homologen Reihe zeigen chemisch ganz analoges Verhalten; sie unterscheiden sich nur in ihren physikalischen Eigenschaften, z. B. in der Höhe ihres Siedepunktes.

Die Alkohole entsprechen in mancher Hinsicht den anorganischen Basen, da sie, wie diese, eine typische Hydroxylgruppe enthalten.

Säuren. Die organischen Säuren sind gekennzeichnet durch die Gruppe

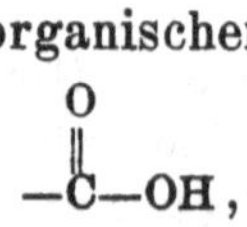 $-COOH$,

die den Namen Karboxylgruppe führt. Das H-Atom dieser Gruppe ist ionisiert und deshalb, genau wie bei einer anorganischen Säure, durch Metall ersetzbar.

Führen wir eine Karboxylgruppe in das Methan an Stelle eines H-Atoms ein, so erhalten wir $CH_3 \cdot COOH$, eine Säure, die als Essigsäure bezeichnet wird.

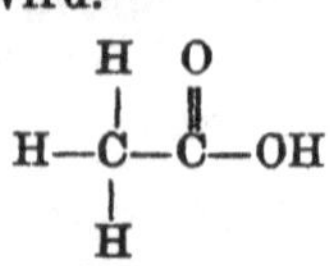

Essigsäure

Die Essigsäure ist, wie aus dem oben Gesagten hervorgeht,

einbasisch, d. h. nur das H-Atom der —COOH-Gruppe kann gegen Metall ausgetauscht werden, nicht etwa auch die übrigen H-Atome.

Neben der Essigsäure kommen für die Analyse noch zwei andere organische Säuren in Betracht, die Oxalsäure und die Weinsäure.

Die Oxalsäure besteht aus zwei aneinander gebundenen Karboxylgruppen, also HOOC·COOH.

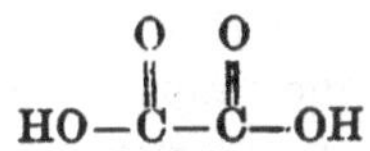

Oxalsäure

Man sieht, die Oxalsäure hat zwei durch Metall ersetzbare H-Atome, sie ist also zweibasisch. Säuren mit zwei Karboxylgruppen nennt man „Dikarbonsäuren".

Die Weinsäure, von der Formel HOOC·CHOH·CHOH·COOH,

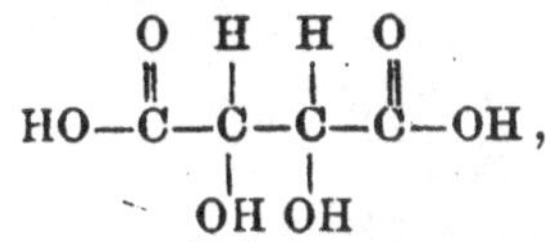

Weinsäure

enthält zweimal die Karboxylgruppe COOH, sie ist wie die Oxalsäure also zweibasisch. Da sie außerdem noch zweimal die Hydroxylgruppe enthält, ist sie gleichzeitig eine Di-oxy-Säure. Man beachte, daß die H-Atome der beiden mittelständigen OH-Gruppen nicht durch Metall ausgetauscht werden können (siehe aber S. 14); nur die H-Atome der beiden COOH-Gruppen sind dazu geeignet.

Die drei genannten Säuren haben, wie man sieht, keine gleichartige Konstitution, wie die oben erwähnten drei Alkohole. Sie gehören also nicht zu einer homologen Reihe, wie die drei Alkohole.

Ester. Läßt man auf eine Säure einen Alkohol, der, wie erwähnt, gewissermaßen einer anorganischen Base entspricht, einwirken, so findet folgende Reaktion statt:

$$\underset{\text{Essigsäure}}{CH_3\cdot COOH} + \underset{\text{Methylalkohol}}{CH_3\cdot OH} = CH_3\cdot COO\cdot CH_3 + H_2O$$

Die entstehende Verbindung, die also einem anorganischen Salz analog wäre, führt den Namen „Ester", in diesem Fall Essigsäuremethyl-ester.

Äther. Spaltet man aus zwei Molekülen Alkohol ein Molekül Wasser ab, also

$$\underset{\text{2 Äthylalkohol}}{H_5C_2\cdot O\boxed{H\ HO}C_2H_5} = H_5C_2—O—C_2H_5\,,$$

so erhält man ein Anhydrid des Alkohols. Diese Verbindungen

führen den Namen „Äther"; hier wäre es ein Di-äthyl-äther, der gewöhnlich einfach „Äther" genannt wird.

Radikale. Als Radikale bezeichnet man gewisse Atomkomplexe, die in organischen Verbindungen häufig wiederkehren, z. B. —CH_3: Methyl-, —C_2H_5: Äthyl. Die Radikale sind natürlich keine existensfähigen Verbindungen. Am Schluß des Buches findet sich eine Zusammenstellung der wichtigsten Radikale.

An späteren Stellen sind noch einzelne andere in das Gebiet der allgemeinen organischen Chemie gehörende Begriffe erläutert. Weil das dort Gegebene für das Verständnis zunächst nicht unbedingt notwendig ist, genügt ein Hinweis. Es sind behandelt:

„Aliphatische" und „aromatische" Körper S. 16.
Aldehyde S. 5.
Ketone S. 9.
Oxime S. 5, 22.
Amine S. 18.
Phenole S. 28.
Heterocyklische Körper S. 24.
Ortsbezeichnung S. 23, 28.
Isomerie S. 7.

Die organischen Reagentien.

Die Reagentien sind in der folgenden Besprechung gegliedert

in 1. allgemein gebräuchliche
und in 2. seltener angewandte.

Diese Teilung empfahl sich, um an der Hand der tatsächlich im Laboratorium benutzten Reagentien eine systematische Darstellung geben zu können. Es sollte vermieden werden, daß der junge Chemiker, um seine chemischen Operationen verstehen zu können, gezwungen wäre, sich mit organischen Reagentien zu befassen, die ihm bis dahin unbekannt waren.

Innerhalb dieser beiden Gruppen sind die Reagentien und Reaktionen gegliedert nach den analytischen Arbeitsgebieten behandelt. Daran anschließend werden die organischen Lösungsmittel und Ähnliches besprochen.

A. Die allgemein gebräuchlichen organischen Reagentien.

I. Qualitative Analyse.

a) Nachweis der Basen.

Dimethylglyoxim.

Dimethylglyoxim, das ausgezeichnete Nickelreagens, hat die Formel

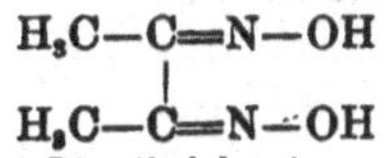

Dimethylglyoxim

Der Name des Körpers, Dimethylglyoxim, möge an der Hand dieser Formel entwickelt werden.

Wird in den Äthylalkohol (S. 2) eine zweite OH-Gruppe an Stelle eines H-Atoms eingeführt, so erhält man:

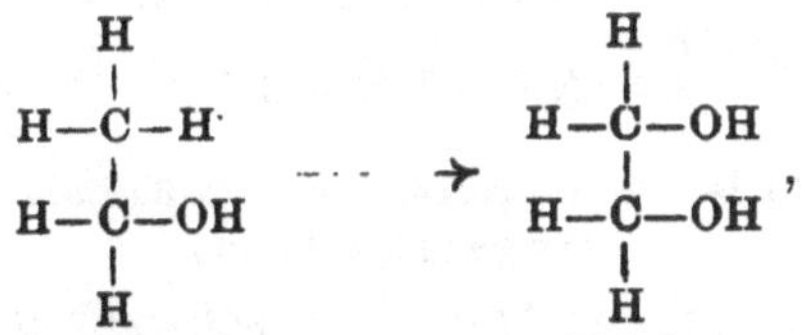

Äthylalkohol Glykol

eine Verbindung, die einen zweiwertigen (2 OH-Gruppen) Alkohol darstellt und den Namen Glykol führt.

Bei vorsichtiger Oxydation eines solchen Alkohols ergibt sich ein Produkt, in der die Gruppe

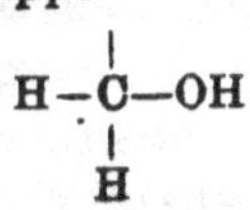

durch Austritt von 2 H-Atomen in die Gruppe H—C═O übergegangen ist. Diese Verbindungen heißen „Aldehyde“ (**Al**kohol-**de-hyd**rogenatus: Alkohol, dem Wasserstoff entzogen ist).

Aus dem Glykol entsteht so:

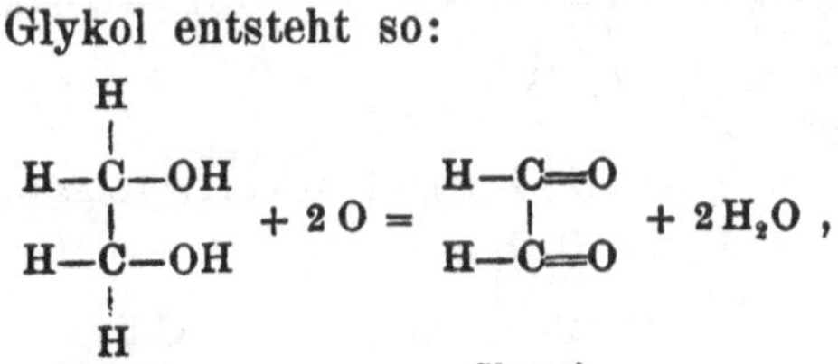

Glykol Glyoxal

ein Aldehyd, das man Glyoxal nennt.

Aldehyde reagieren mit Hydroxylamin (NH_2OH) unter Bildung sogenannter „Oxime“, die durch die Gruppe =N—OH charakterisiert sind. Das Glyoxal ergibt:

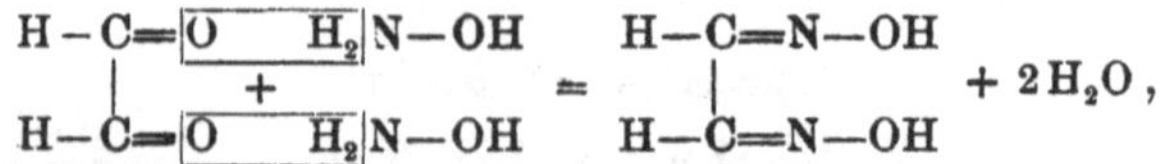

Glyoxal Glyoxim

also das Oxim des Glyoxals, das Glyoxim heißt.

Werden nun noch die beiden unmittelbar am C-Atom haftenden H-Atome durch Methylgruppen (—CH_3) ersetzt, so erhält man:

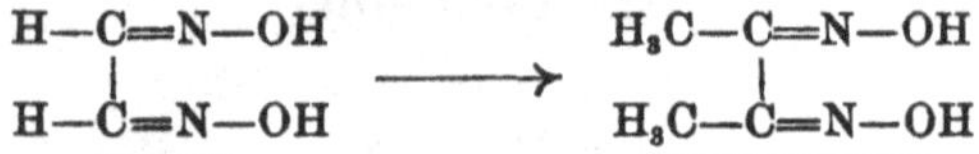

Glyoxim Dimethylglyoxim

das Dimethylglyoxim.

Die bekannte rosenrote Nickelverbindung entsteht aus 2 Dimethylglyoxim und 1 Ni, und zwar in folgender Weise:

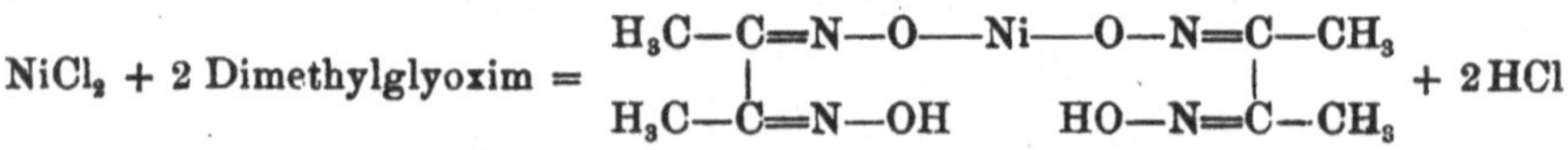

Die Rhodanreaktion auf Kobalt.
(Vogels Reaktion.)

Versetzt man eine neutrale oder schwach saure Kobaltlösung mit einer konzentrierten Lösung von Ammoniumrhodanid, so bildet sich das blaue Kobalto-ammonium-rhodanid: $[Co(CNS)]_4(NH_4)_2$.

Dieses Salz wird von einem Gemisch von 1 Volumen Amylalkohol und 10 Volumen Äther (Treadwell) mit tiefblauer Farbe aufgenommen. Eine chemische Reaktion tritt dabei nicht ein, es handelt sich lediglich um einen Lösungsvorgang. Es ist nämlich gelungen, aus dem Amylalkohol-Äther-Gemisch das unveränderte Kobalto-ammonium-rhodanid auszukristallisieren.

Der Äther hat, wie auf S. 3 mitgeteilt ist, die Formel:

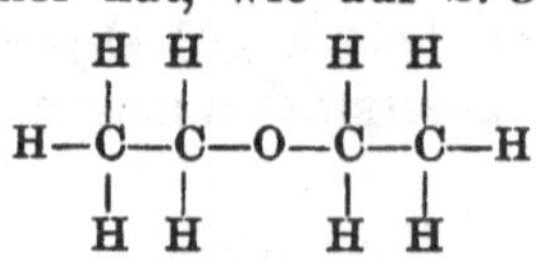

Diäthyläther (Äther)

$C_2H_5—O—C_2H_5$

Desgleichen ist dort die Formel des Amylalkohols angegeben:

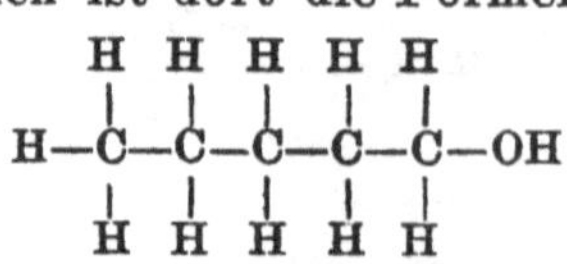

norm.-Amylalkoho

$C_5H_{11}OH$

Der gewöhnlich zur Verwendung gelangende Amylalkohol entspricht dieser Formel nicht. Man benutzt nämlich meist den „iso“-Amylalkohol. Die Bezeichnung „iso“ ist eine Abkürzung von isomēr. Unter isomeren Verbindungen versteht man Stoffe, die zwar die gleiche Bruttoformel, hier $C_5H_{11} \cdot OH$ haben, sich aber durch ihre Konstitution unterscheiden. Schärfer ausgedrückt kann man Isomerie folgendermaßen definieren: Die Moleküle isomerer Körper enthalten die gleichen Atome, die Atome sind aber anders gelagert. Dem iso-Amylalkohol kommt als Konstitutionsformel zu:

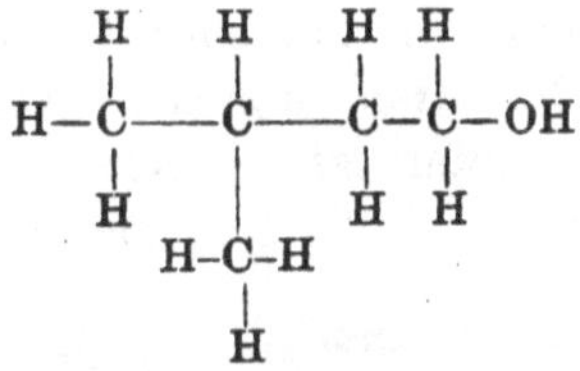

$C_5H_{11} \cdot OH$

iso-Amylalkohol

Die Kohlenstoffkette ist hier „verzweigt“, nicht wie bei dem norm.-Amylalkohol „fortlaufend“.

Der iso-Amylalkohol ist der viel billigere, daher seine Verwendung.

Karbaminsaures Ammonium.

Man findet bisweilen die Angabe, daß das käufliche Ammoniumkarbonat ein Gemenge von Ammoniumkarbonat und karbaminsaurem Ammonium ist.

Die Karbaminsäure ist ein Abkömmling der Kohlensäure, in der eine OH-Gruppe durch $—NH_2$ (Amin-Gruppe) ersetzt ist.

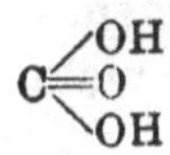

Kohlensäure

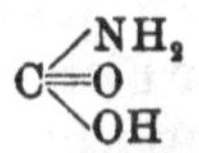

Karbaminsäure

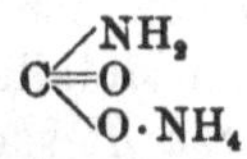

Karbaminsaures Ammonium

Dieses karbaminsaure Ammonium gibt beim Erwärmen der wässerigen Lösung

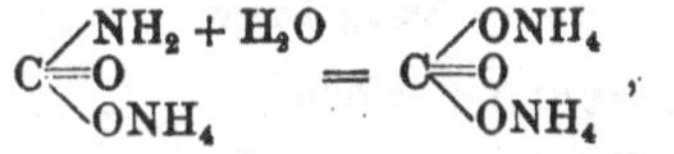

also Ammoniumkarbonat, so daß nach dem Erwärmen der Lösung tatsächlich nur Ammoniumkarbonat vorliegt.

Trennung der Erdalkalien mit Hilfe von Alkohol.

Die Verwendung von absolutem Alkohol zur Trennung von Baryum, Strontium und Calcium beruht auf der verschiedenen

Löslichkeit ihrer Salze (der Chloride und Nitrate) in absolutem Alkohol.

Unter „Alkohol“ versteht man stets den Äthylalkohol $C_2H_5 \cdot OH$ (s. S. 2); absoluter Alkohol ist 99prozentig.

Organische Verunreinigungen der Ammoniumsalze.

Nach dem Zerstören der Ammoniumsalze durch Glühen beobachtet man häufig, daß der die Alkalisalze enthaltende Rückstand dunkel gefärbt ist, anstatt rein weiß zu sein.

Der Grund dieser Färbung ist eine Kohleabscheidung, die durch organische Stoffe verursacht ist. Es handelt sich dann meist um Verbindungen des Pyridins, das dem Ammoniak, wenn es bei der Gasfabrikation gewonnen ist, beigemengt sein kann.

Über Pyridin ist an späterer Stelle Näheres zu finden (S. 31).

Indigoprisma.

Zum Nachweis des Kaliums aus der Flammenfärbung, vor allem bei Gegenwart von Natrium, benutzt man das Indigoprisma. Indigo ist ein organischer Farbstoff, der heute in großen Mengen künstlich hergestellt wird. Das Prisma enthält eine Lösung von Indigo in konzentrierter Schwefelsäure, die dann mit Wasser verdünnt ist.

Die Zusammensetzung des Indigo ist kompliziert; auf seine Konstitution soll hier nicht näher eingegangen werden (s. S. 49).

Die Wirkung des Prismas beruht darauf, daß die Kaliumflamme, die reich an violetten Strahlen ist, durch das blaue Prisma deutlich sichtbar bleibt, während die gelben Strahlen des Natriums vollkommen von der Indigolösung absorbiert werden. — Natürlich müssen andere Metalle, die in der Flamme ebenfalls violette Strahlen aussenden, von dieser Probe entfernt werden.

b) Nachweis der Säuren.

Essigsäure.

Die Essigsäure, von der Formel

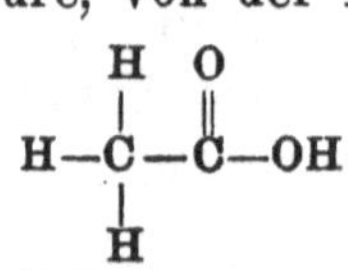

Essigsäure

$CH_3 \cdot COOH$,

ist bereits auf Seite 2 erwähnt; das zum Verständnis ihrer Formel Nötige ist dort besprochen. Auf ihre Reaktionen soll hier nur insofern eingegangen werden, soweit sie nicht mit anorganischen Begriffen ohne weiteres verständlich sind.

Die Salze der Essigsäure heißen Acetate (acetum: Essig).

Beim Erhitzen im Glührohr verhalten sich die Acetate der einzelnen Metalle verschieden. Manche geben die unzersetzte Essigsäure ab, andere entwickeln brennbare Gase (u. a. Kohlenoxyd CO); bisweilen tritt auch Abscheidung von Kohlenstoff ein.

Die Alkaliacetate zerfallen nach folgender Reaktion:

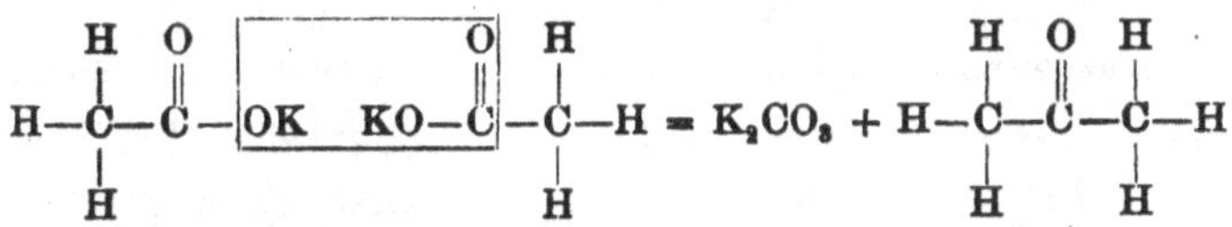

2 Kaliumacetat Aceton

Es bildet sich also Kaliumkarbonat und eine organische Verbindung von charakteristischem Geruch: das Aceton.

Das Aceton enthält zwei Methylgruppen ($—CH_3$) und eine =C=O-Gruppe. Verbindungen mit dieser =C=O-Gruppe heißen Ketone (die beiden übrigen Valenzen müssen an C gebunden sein). Der Name „Aceton" leitet sich folgendermaßen ab: das Aceton kann als Abkömmling der Essigsäure (acidum aceticum) aufgefaßt werden; die Endung on charakterisiert die Verbindung als Keton.

Verdünnte und konzentrierte Schwefelsäure setzt aus den Acetaten die Essigsäure in Freiheit. Sie entweicht beim Erhitzen unzersetzt.

Esterprobe. Erwärmt man ein Acetat mit konzentrierter Schwefelsäure und Äthylalkohol, so bildet sich ein Ester, eine Verbindung, die auf Seite 3 als Reaktionsprodukt zwischen einer Säure und einem Alkohol definiert war.

$$\underset{\text{Säure}}{CH_3 \cdot COO}\boxed{H + HO}\underset{\text{Alkohol}}{\cdot C_2H_5} = \underset{\text{Ester}}{CH_3 \cdot COO \cdot C_2H_5} + H_2O$$

Die Esterbildung verläuft in drei einzelnen Reaktionen. Zunächst setzt die Schwefelsäure aus dem Acetat die Essigsäure in Freiheit:

$$1.\quad \underset{\text{Kaliumacetat}}{2\,CH_3COOK} + H_2SO_4 = K_2SO_4 + \underset{\text{Essigsäure}}{2\,CH_3 \cdot COOH}$$

Ferner wirkt die Schwefelsäure auf den Äthylalkohol ein:

2. 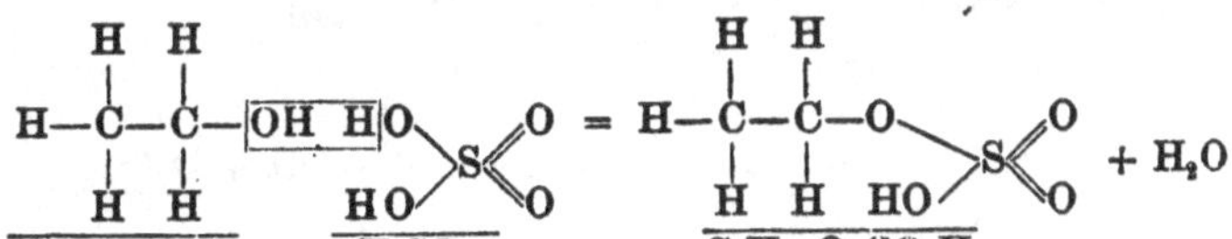

$C_2H_5 \cdot OH$ Äthylalkohol — H_2SO_4 — $C_2H_5 \cdot O \cdot SO_3H$ Schwefelsäure-Äthyl-ester

Es bildet sich also ein Schwefelsäure-äthyl-ester, der gewöhnlich als Äthylschwefelsäure bezeichnet wird.

Der Schwefelsäure-äthyl-ester reagiert nun mit der nach 1. gebildeten Essigsäure:

3. 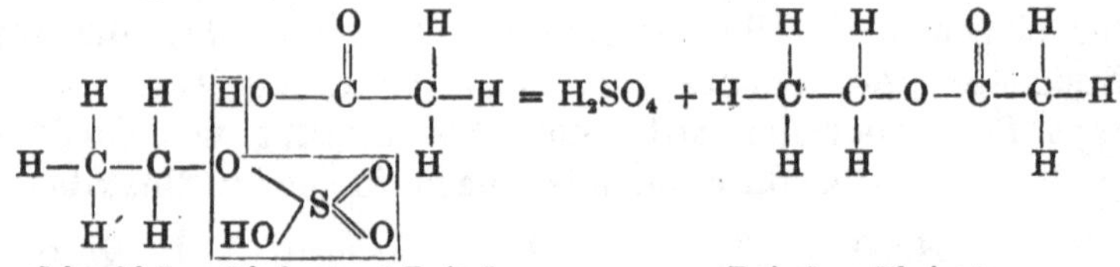

Schwefelsäure-äthyl-ester + Essigsäure — Essigsäure-äthyl-ester

Unter Austritt von Schwefelsäure bildet sich der Essigsäureäthylester, der durch seinen charakteristischen angenehmen Geruch erkennbar ist.

Man muß diese Reaktion bei Abwesenheit von Wasser, also mit einem Acetat in fester Form ausführen. Bei Gegenwart von Wasser tritt nämlich leicht eine Spaltung des Esters in Essigsäure und Äthylalkohol ein:

$$CH_3COO \cdot C_2H_5 + H|OH = CH_3 \cdot COOH + C_2H_5OH$$

Eine solche Zerlegung eines Esters in Alkohol und Säure bezeichnet man als Verseifung, man sagt, der Ester wird verseift. — Dieser Name rührt daher, daß bei der Herstellung von Seifen ein ähnlicher Vorgang stattfindet.

Ist in der zu untersuchenden Substanz gleichzeitig Chromsäure, bzw. ein Chromat zugegen, so kann auch bei Abwesenheit von Essigsäure beim Erwärmen der Substanz mit Alkohol und Schwefelsäure ein Estergeruch auftreten.

Das beruht auf folgendem: Chromsäure reagiert mit konzentrierter Schwefelsäure bekanntlich nach der Gleichung:

$$4H_2CrO_4 + 6H_2SO_4 = 2Cr_2(SO_4)_3 + 10H_2O + 3O_2$$

Es bildet sich Chromsulfat, während Sauerstoff frei wird. Ein Gemisch von Chromsäure und Schwefelsäure ist also ein Oxydationsmittel und zwar ein sehr stark wirkendes.

Befindet sich ein Chromat in der zu untersuchenden Substanz, so entwickelt sich in dem Gemisch Alkohol + Schwefelsäure Sauerstoff. Dieser Sauerstoff oxydiert den Alkohol:

Äthylalkohol — Essigsäure

Es entsteht Essigsäure, die nun ihrerseits nach den oben angegebenen Gleichungen reagiert und Essigsäure-äthyl-ester bildet. So kann der Estergeruch auftreten, ohne daß ursprünglich Essigsäure zugegen war.

An früherer Stelle (Dimethylglyoxim S. 5) ist bereits von der Oxydation eines Alkohols die Rede gewesen. Dort handelte es sich um die Oxydation des zweiwertigen Alkohols Glykol zu dem Aldehyd Glyoxal. Es muß auffallen, daß dort aus dem Alkohol ein Aldehyd, hier eine Säure entstand. Der Unterschied beruht auf der verschiedenen Stärke der angewandten Oxydationsmittel. Die Reihenfolge der Oxydation ist folgende:

$$\underset{\text{Alkohol}}{\begin{matrix} H \\ | \\ -C-OH \\ | \\ H \end{matrix}} \longrightarrow \underset{\text{Aldehyd}}{\begin{matrix} H \\ | \\ -C{=}O \end{matrix}} \longrightarrow \underset{\text{Säure}}{\begin{matrix} OH \\ | \\ -C{=}O \end{matrix}}$$

Da, wie erwähnt, Chromsäure + konzentrierter Schwefelsäure ein sehr starkes Oxydationsmittel ist, führt hier die Oxydation bis zur Säure.

Ergänzend sei bemerkt, daß dieses Oxydationsschema nur für Alkohole mit der Gruppe

$$\begin{matrix} H \\ | \\ -C-OH, \\ | \\ H \end{matrix}$$

sogenannte primäre Alkohole gilt.

Kakodylreaktion. Erhitzt man im Glührohr ein festes Acetat mit arseniger Säure, so bildet sich ein Gas von außerordentlich unangenehmen Geruch, das Kakodyloxyd (Kakōdēs, griech. = übel riechend) von der Zusammensetzung:

$$\underset{\text{Kakodyloxyd}}{\begin{matrix} H_3C \\ H_3C \end{matrix}\!>\!As-O-As\!<\!\begin{matrix} CH_3 \\ CH_3 \end{matrix}}$$

Die Gruppe

$$-As\!<\!\begin{matrix} CH_3 \\ CH_3 \end{matrix}$$

hat den Namen „Kakodyl“ erhalten; zwei dieser Gruppen an ein Sauerstoffatom gebunden, stellen die Verbindung Kakodyloxyd dar.

Die Reaktion läßt sich folgendermaßen ausdrücken:

$$\underset{\text{Kaliumacetat}}{4\,CH_3\cdot COOK} + As_2O_3 = \underset{\text{Kakodyloxyd}}{\begin{matrix} H_3C \\ H_3C \end{matrix}\!>\!As-O-As\!<\!\begin{matrix} CH_3 \\ CH_3 \end{matrix}} + 2\,K_2CO_3 + 2\,CO_2$$

Wahrscheinlich verläuft sie, bei dem Alkaliacetaten sicher, über Aceton (S. 9). Beim Erhitzen im Glührohr gibt:

$$\underset{\text{Kaliumacetat}}{2\,CH_3\cdot COOK} = \underset{\text{Aceton}}{CH_3\cdot CO\cdot CH_3} + K_2CO_3$$

Das Aceton reagiert dann mit As_2O_3:

$$2\,\underset{\text{Aceton}}{\begin{matrix}H_3C\\H_3C\end{matrix}\!>\!CO} + As_2O_3 = \underset{\text{Kakodyloxyd}}{\begin{matrix}H_3C\\H_3C\end{matrix}\!>\!As-O-As\!<\!\begin{matrix}CH_3\\CH_3\end{matrix}} + 2\,CO_2$$

Oxalsäure und Weinsäure, die wohl außer Essigsäure meist als einzige organische Säuren in der Analyse in Frage kommen, bilden mit As_2O_3 keine im Geruch ähnlichen Gase. Dagegen tuen dies die Homologen (s. S. 2) der Essigsäure; z. B. Buttersäure, Valeriansäure.

Oxalsäure.

Die Oxalsäure hat, wie bereits auf Seite 3 angegeben ist, die Formel

$$\underset{\text{Oxalsäure}}{HO-\overset{\overset{\displaystyle O}{\|}}{C}-\overset{\overset{\displaystyle O}{\|}}{C}-OH}\ , \qquad \begin{array}{l}COOH\\ |\\ COOH\end{array}$$

Ihren Namen hat sie wegen ihres Vorkommens im Klee (oxalis) erhalten.

Beide H-Atome sind als Bestandteile einer Karboxylgruppe (S. 2) ionisiert, also durch Metall ersetzbar. Wird nur eines der H-Atome durch ein Metall vertreten, so erhält man Hydrooxalate (saure Oxalate), z. B.

$$\begin{array}{l}COOH\\ |\\ COOK\end{array}\ ,$$

werden beide ersetzt, so bildet sich ein normales (neutrales) Oxalat. Schließlich kennt man noch sogenannte übersaure Oxalate vom Typus eines Doppelsalzes

$$\boxed{\begin{array}{l}COOH\\ |\\ COOH\\ COOH\\ |\\ COOK\end{array}}$$

Beim Erhitzen im Glührohr spalten die Oxalate Kohlenoxyd ab unter Bildung von Karbonaten:

$$\begin{array}{l}CO|OK\\ |\\ COOK\end{array} = CO + K_2CO_3$$

Die Karbonate zerfallen beim Erhitzen (die der Alkalien erst bei hohen Temperaturen) unter Bildung von Kohlendioxyd und unter

Zurücklassung von Oxyden oder Metallen (bei den Edelmetallen). Man wird also die gleichzeitige Entwicklung von CO und CO_2 beobachten können.

Verdünnte Schwefelsäure ist ohne Einwirkung auf Oxalate, wenn nicht etwa gleichzeitig gewisse oxydierende Stoffe, wie z. B. MnO_2 zugegen sind. Dann werden die Oxalate unter Bildung von CO_2 zersetzt.

$$MnO_2 + H_2SO_4 = MnSO_4 + H_2O + O$$

$$\begin{array}{l|l} COO & H \\ | & \\ COO & H \end{array} + O = 2\,CO_2 + H_2O$$

Konzentrierte Schwefelsäure entzieht der Oxalsäure beim Erwärmen Wasser; es bilden sich CO und CO_2, also:

$$\begin{array}{l|l} CO & OH \\ | & \\ CO\,O & H \end{array} = CO + CO_2 + H_2O$$

Bei Gegenwart von **Flußsäure** ist der übliche Nachweis der Oxalsäure als in Essigsäure unlösliches Calciumoxalat nicht einwandfrei, denn das Calciumfluorid ist gleichfalls in Essigsäure unlöslich.

Man bedient sich dann, und auch sonst in zweifelhaften Fällen, folgender Reaktion. Der mit Calciumchlorid erhaltene Niederschlag wird in verdünnter Schwefelsäure gelöst und mit einigen Tropfen verdünnter Kaliumpermanganatlösung versetzt. Bei Gegenwart von Oxalsäure tritt Entfärbung und gleichzeitige CO_2-Entwicklung ein. Der Vorgang ist folgender:

$$5\begin{array}{l} COOH \\ | \\ COOH \end{array} + 2\,KMnO_4 + 3\,H_2SO_4 = K_2SO_4 + 2\,MnSO_4 + 8\,H_2O + 10\,CO_2$$

Die Übermangansäure oxydiert die Oxalsäure zu CO_2 und Wasser ganz in gleicher Weise, wie oben bei MnO_2 angegeben ist.

Aus dem dunkelroten Kaliumpermanganat entsteht das schwach rosa gefärbte Mangansulfat, das in der starken Verdünnung farblos erscheint. Man versäume nie, die Kohlendioxydentwicklung durch Barytwasser nachzuweisen, denn eine Entfärbung der Lösung kann bisweilen auch durch Verunreinigung der Schwefelsäure verursacht werden.

Weinsäure.

Der Weinsäure kommt die Formel zu:

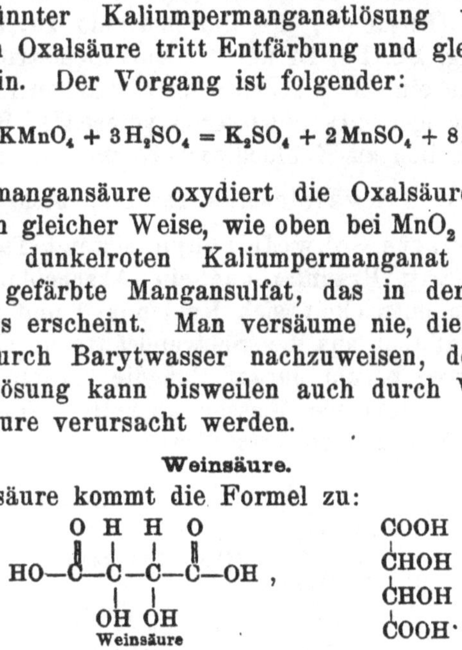

Weinsäure

Sie enthält also die für organische Säuren charakteristische Karboxylgruppe (COOH) zweimal. Da nur die H-Atome dieser Gruppen ionisiert, also durch Metall ersetzbar sind, ist die Weinsäure zweibasisch. Ihre Salze heißen „Tartrate“ (Tartarus Weinstein).

Die beiden mittelständigen C-Atome tragen je eine Hydroxylgruppe, man bezeichnet deshalb die Weinsäure als eine Oxysäure, und zwar als eine di-oxy-di-karbonsäure (s. S. 3, vgl. ferner S. 21). Wie gesagt, sind die H-Atome der mittelständigen C-Atome nicht ionisiert, also auch nicht durch Metall vertretbar. Es sei aber erwähnt, daß man die Bildung gewisser komplexer Salze der Weinsäure, z. B. der komplexen Kupfersalze, dadurch erklärt, daß auch die H-Atome der mittelständigen Hydroxylgruppen durch das betreffende Metall ersetzt seien.

Jedenfalls ist aber festzuhalten, daß in den einfachen Salzen nur die H-Atome der beiden Karboxylgruppen (COOH) gegen Kationen ausgetauscht sind.

Beim Erhitzen im Glührohr zersetzen sich die Tartrate unter Entwicklung von sogenannten empireumatischen (griech.: brenzlig), nach verbranntem Zucker riechenden Dämpfen. Der Rückstand besteht aus Karbonaten (Alkalien), Oxyden (Erdalkalien u. a.) oder reinem Metall (Elemente, die durch Kohle zu Metall reduziert werden, wie Ag, Pb, Fe, Ni usw.). Außerdem tritt eine Abscheidung von Kohle ein. Man beachte aber, daß bei längerem Glühen, besonders bei Gegenwart gewisser oxydierender Stoffe, auch der Kohlenstoff gänzlich zu Kohlendioxyd verbrannt werden kann.

Verdünnte Schwefelsäure reagiert nicht mit Tartraten.

Konzentrierte Schwefelsäure zersetzt Tartrate beim Erhitzen. Dabei tritt Braunfärbung ein (Abscheidung von Kohlenstoff), außerdem entwickelt sich Kohlenoxyd und Schwefeldioxyd. Dieses letzte entsteht aus der Schwefelsäure durch Reduktion.

Die Zerlegung beruht darauf, daß die konzentrierte Schwefelsäure aus der Weinsäure Wasser abspaltet. Rein schematisch kann man den Vorgang so darstellen:

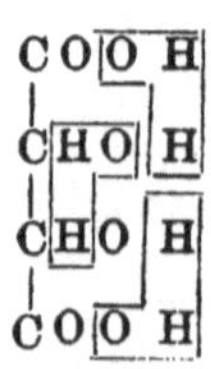
$= 3CO + C + 3H_2O.$

Borsäureesterprobe.

Zum Verständnis dieser Reaktion muß zunächst auf das über die Bildung des Essigsäureesters Gesagte verwiesen werden (vgl. S. 9).

Die Probe wird bekanntlich in der Weise ausgeführt, daß die trockene Substanz mit konzentrierter Schwefelsäure und einem Alkohol, am besten Methylalkohol (s. u.) erhitzt wird. Die entzündeten Dämpfe brennen mit grüner Flamme.

Aus Schwefelsäure und Methylalkohol bildet sich zunächst Schwefelsäure-methyl-ester:

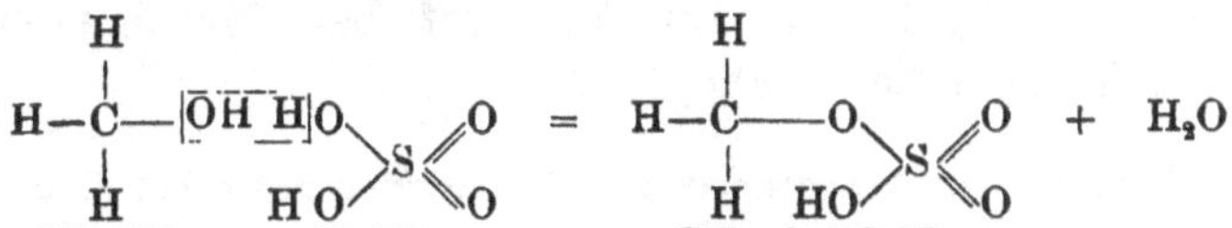

CH_3OH Methylalkohol — H_2SO_4 — $CH_3 \cdot O \cdot SO_3H$ Schwefelsäure-methyl-ester

Dieser reagiert mit der Borsäure (aus Boraten durch die Schwefelsäure in Freiheit gesetzt):

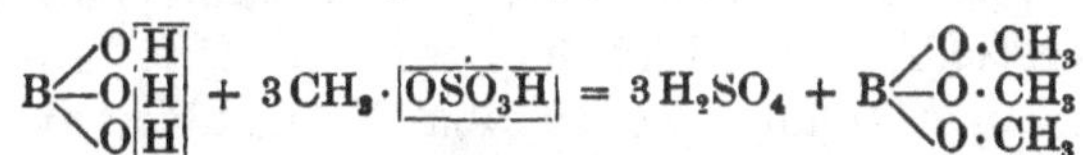

Schwefelsäuremethylester — Borsäuremethylester

Verwendet man statt Methylalkohol ($CH_3 \cdot OH$) Äthylalkohol ($C_2H_5 \cdot OH$), so erhält man ganz analog:

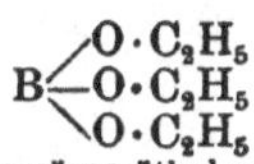

Borsäure-äthyl-ester

Diese Borsäureester verbrennen infolge ihres Borgehaltes mit grüner Flamme. Bei richtiger Ausführung[1]) der Reaktion ist es unmöglich, daß z. B. Barium oder Kupfer eine Färbung der Flamme verursachen können, denn diese Metalle können unter den vorliegenden Umständen keine flüchtigen Verbindungen bilden.

Methylalkohol ist dem Äthylalkohol aus folgenden Gründen vorzuziehen. Die Borsäureester sind Flüssigkeiten, die zur Entzündung durch Erwärmen verdampft werden müssen. Selbstverständlich verdampfen sie um so leichter, je niedriger ihr Siedepunkt liegt. Nun siedet der Borsäuremethylester bei 65°, der Borsäureäthylester bei 120°.

Es ist eine in der organischen Chemie allgemein gültige Regel, daß bei den Gliedern einer homologen Reihe (S. 2) mit wachsender

---

[1]) Vgl. Böttger, Qualitative Analyse, III. Aufl., S. 288.

Anzahl der C-Atome der Siedepunkt steigt. Der Borsäureamylester (der Amylalkohol [S. 2] enthält 5 C-Atome) siedet bereits bei 254°.

Daraus ergibt sich, daß hier, wo es auf einen möglichst niedrigen Siedepunkt ankommt, der Alkohol mit der kleinsten Anzahl C-Atome, also der Methylalkohol ($CH_3 \cdot OH$) der geeignetste ist.

Auch hier ist es, wie bei der Essigesterprobe nötig, die trockene Substanz zu verwenden, da, wie jeder Ester, auch die Borsäureester durch Wasser in Alkohol und Borsäure zerlegt (verseift S. 10) werden. Da die Probe auf der Flüchtigkeit des Borsäureesters beruht, würde dann die Reaktion ausbleiben, denn die wieder zurückgebildete Borsäure ist bei der hier in Frage kommenden Temperatur nicht flüchtig.

Aliphatische und aromatische Kohlenwasserstoffe; Benzol.

Ehe zur Besprechung weiterer organischer Reagentien übergegangen werden kann, muß das eingangs über organische Körperklassen Mitgeteilte vervollständigt werden.

Als Beispiel der Grundstoffe der organischen Chemie, der Kohlenwasserstoffe, war dort das Methan CH_4 angeführt. Wir lernten dann an Alkoholen neben dem Methanderivat, dem Methylalkohol, noch den Äthylalkohol und den Amylalkohol kennen. Wie der Methylalkohol sich vom Methan ableitet, so kann man auch die beiden anderen Alkohole auf entsprechende Kohlenwasserstoffe zurückführen (indem man sich an Stelle der OH-Gruppe ein H-Atom denkt).

Wir erhalten dann:

außer 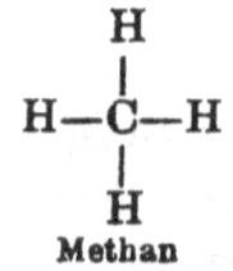

Methan

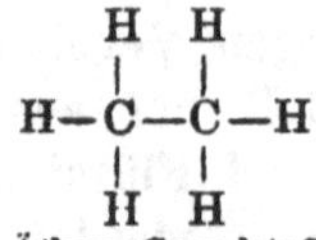

Äthan (Grundstoff des Äthylalkohols $C_2H_5 \cdot OH$)

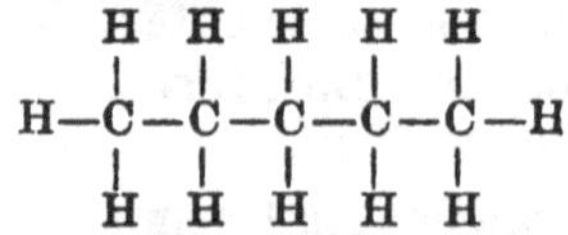

Pentan (Grundstoff des Amylalkohols $C_5H_{11} \cdot OH$)

Wie man sieht, zeigen die Strukturformeln des Äthans und des Pentans große Ähnlichkeit mit der des Methans. Sie unterscheiden sich lediglich dadurch, daß sie eine größere Anzahl von $=CH_2$-Gruppen besitzen als das Methan, sind also, um den bereits auf Seite 2 eingeführten Begriff anzuwenden, Glieder einer homologen Reihe.

Das Charakteristische ihrer Strukturformeln, damit kommen wir zu dem Kernpunkt dieser Ausführung, ist die Kette aneinander gebundener Kohlenstoffatome. Man kann sich die Kette durch Hinzutreten weiterer Kohlenstoffatome (d. h. hier von Gruppen $=CH_2$) beliebig verlängert denken. Tatsächlich existieren Kohlenwasserstoffe dieser Art mit bis zu 60 C-Atomen.

Diese Kohlenwasserstoffe und ihre Derivate werden als aliphatische Verbindungen bezeichnet (griech.: fettartig, weil die Fette Verbindungen dieser Art sind).

Das Charakteristikum der aliphatischen Stoffe ist also die Kohlenstoff-Kette.

Nun gibt es Kohlenwasserstoffe, die eine begrenzte Anzahl von C-Atomen enthalten, der wichtigste von ihnen besteht z. B. aus 6 C-Atomen. Es ist dies das Benzol von der Formel C_6H_6. Aus einer Reihe theoretischer Erwägungen und auf Grund experimenteller Ergebnisse nimmt man beim Benzol nicht mehr eine Kette von C-Atomen an, sondern man gibt dem Benzol eine ringförmige Strukturformel, in der Weise, daß die 6 C-Atome einen Ring bilden und an jedem C-Atom ein H-Atom haftet. So erhält man folgende Strukturformel (nach Kekulé):

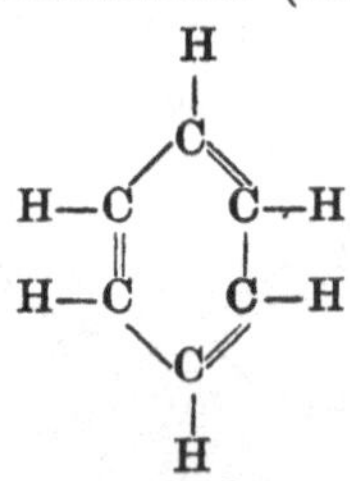

Benzol

Die Doppelstriche bedeuten, daß die betreffenden beiden C-Atome mit zwei ihrer Wertigkeiten aneinander gebunden sind, da der Vierwertigkeit des Kohlenstoffs Rechnung getragen werden muß. (Es sei ergänzend erwähnt, daß außer dieser Kekuléschen Formel noch andere Strukturformeln für das Benzol, natürlich stets 6-Ringe, in Vorschlag gebracht sind. Näheres darüber findet sich in den organischen Lehrbüchern. Für unsere Betrachtungen soll stets die Kekulésche Formel, als die anschaulichste, zugrunde gelegt werden.)

Das Benzol und seine Derivate werden als **aromatische Verbindungen** bezeichnet. Der Name rührt daher, daß man die ersten Körper dieser Art aus Pflanzenstoffen abgeschieden hatte, die einen aromatischen Geruch besaßen. Man hat dann diese Bezeichnung beibehalten, obwohl den meisten „aromatischen" Verbindungen jede Eigenschaft fehlt, die man als „Aroma" bezeichnen könnte.

Auf eine Nomenklatureigentümlichkeit sei noch besonders hingewiesen. Wenn im Methan ein H-Atom durch eine andere Atomgruppe (z. B. durch OH) ersetzt wird, so bezeichnet man das entstehende Derivat als Methyl-(Alkohol), analog ein Derivat des Äthans als Äthyl-(Alkohol). Wollte man die gleiche Benennungsart auf das Benzol übertragen, so käme der Gruppe $-C_6H_5$ der Name Benzyl zu. Das trifft nun nicht zu; die Gruppe $-C_6H_5$ führt vielmehr den Namen **Phenyl**, eine Besonderheit, die man sich einprägen möge.

Di-phenyl-amin.

Das Diphenylamin findet Verwendung zum Nachweis von Salpetersäure und salpetriger Säure, bei deren Gegenwart eine Blaufärbung auftritt.

Unter Aminen versteht man in der organischen Chemie Derivate des Ammoniaks, die dadurch entstehen, daß ein oder mehrere H-Atome des Ammoniaks durch organische Gruppen ersetzt werden. Ersetzen wir im Ammoniak zwei H-Atome durch die eben erwähnten Phenylgruppen C_6H_5, so erhalten wir:

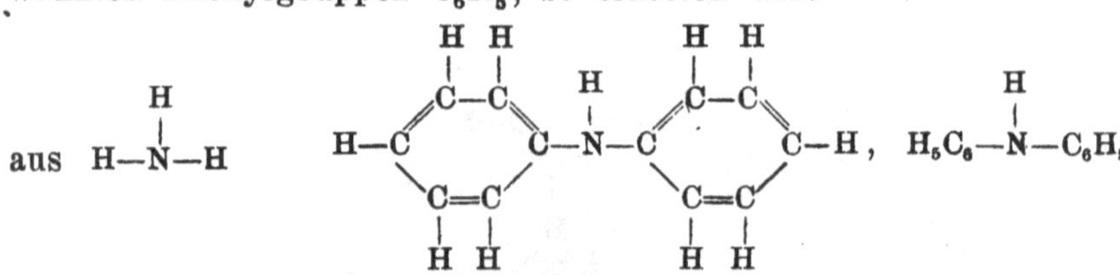

Di-phenyl-amin

oder einfacher geschrieben:

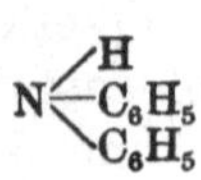

einen Körper, der also als organisches Derivat des Ammoniaks als Amin, und, weil er zweimal die Phenylgruppe enthält, als Diphenylamin bezeichnet wird.

Eine Auflösung dieses Stoffes in konzentrierter Schwefelsäure ist das als Reagens gebräuchliche Diphenylamin.

Bekanntlich gibt Diphenylamin nicht nur mit Salpetersäure und salpetriger Säure, sondern auch mit einer ganzen Anzahl anderer Stoffe (z. B. Chromsäure, Chlorsäure, Ferrisalze) die gleiche charakteristische Blaufärbung. Die Blaufärbung wird nämlich durch oxydierende Substanzen hervorgerufen, sie hat nicht etwa ihren Grund in speziellen Reaktionen der sich von Stickoxyden ableitenden Säuren.

Auch bei diesen kommt lediglich die oxydierende Wirkung in Frage.

Die Reaktion läßt sich folgendermaßen darstellen: [1])

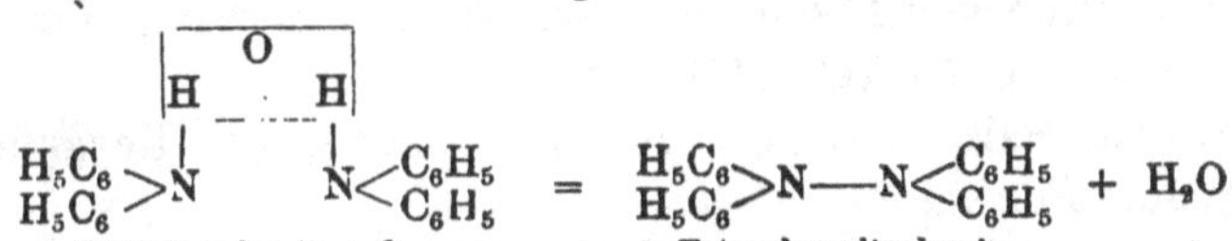

2 Diphenylamin + O Tetraphenylhydrazin

Es reagieren also 2 Diphenylamin mit 1 Sauerstoff. Aus jedem Molekül Diphenylamin wird ein H-Atom durch den Sauerstoff herausgenommen. Die beiden dadurch freiwerdenden Wertigkeiten binden sich aneinander, so daß eine Verkuppelung der beiden Diphenylaminmoleküle stattfindet.

Der Name Tetraphenylhydrazin leitet sich in einfacher Weise von Hydrazin $\frac{H}{H}{>}N-N{<}\frac{H}{H}$ ab, in dem die 4 H-Atome durch 4 Phenylgruppen ersetzt sind.

Harnstoff.

Der Harnstoff findet bisweilen Verwendung, wenn es sich darum handelt, nachzuweisen, ob neben Nitrit auch Nitrat vorliegt. Das Nitrit wird durch den Harnstoff zerstört, so daß die Feststellung des eventuell vorhandenen Nitrats möglich ist.

Der Harnstoff ist ein Derivat der Kohlensäure, in der die beiden OH-Gruppen durch NH_2-Gruppen ersetzt sind:

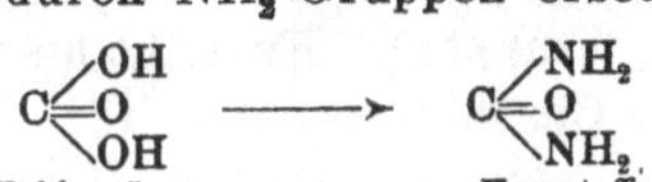

Kohlensäure Harnstoff

(Es sei hier auf die nahe verwandte Karbaminsäure S. 7 verwiesen.)

Die Zerstörung der salpetrigen Säure erfolgt nach folgender Reaktion:

$$CO(NH_2)_2 + 2\,HNO_2 = CO_2 + 2\,N_2 + 3\,H_2O\,,$$

es entstehen also Kohlendioxyd, Stickstoff und Wasser.

[1]) Wieland, B. B. 39, 1499 (1906).

Der Harnstoff hat für den Chemiker historisches Interesse. Er ist als erste in der organischen Welt vorkommende Verbindung auf synthetischem Wege aus anorganischen Substanzen erhalten worden (Wöhler 1828).

II. Gewichtsanalyse.

Natriumsuccinat.
(Bernsteinsaures Natrium.)

Das Natriumsuccinat findet Verwendung zur gewichtsanalytischen Trennung von Eisen und Aluminium einerseits von Mangan, Zink, Kobalt und Nickel andererseits.

Die dem Salz zugrunde liegende Säure, die Bernsteinsäure, hat folgende Formel:

$$\begin{array}{c} COOH \\ | \\ CH_2 \\ | \\ CH_2 \\ | \\ COOH \end{array}$$

Bernsteinsäure

Zwischen zwei Karboxylgruppen befindet sich also zweimal die Gruppe $—CH_2$.

Zwei aneinander gekuppelte Karboxylgruppen:

$$\begin{array}{c} COOH \\ | \\ COOH \end{array}$$

Oxalsäure

stellen bekanntlich die Formel der Oxalsäure dar. Zwischen diese beiden Karboxylgruppen sind in der Bernsteinsäure zwei $—CH_2$-Gruppen getreten, die Oxalsäure und Bernsteinsäure haben also den gleichen Formeltypus und unterscheiden sich lediglich durch die Zahl der in ihnen enthaltenen $—CH_2$-Gruppen (Oxalsäure O-Bernsteinsäure $2\,CH_2$-Gruppen). Es trifft hier demnach das in der Einleitung gegebene Charakteristikum für Homologie (S. 2) zu; die Bernsteinsäure ist also ein höheres Homologe der Oxalsäure. Zwischen beiden steht eine Säure, von der Formel:

$$\begin{array}{c} COOH \\ | \\ CH_2 \\ | \\ COOH \end{array}$$

Malonsäure

die also nur eine $—CH_2$-Gruppe enthält. Diese Säure, die Malonsäure, hat für die analytische Chemie keine Bedeutung.

Genau wie die Oxalsäure ist die Bernsteinsäure zweibasisch, d. h. die beiden H-Atome der COOH-Gruppen können durch Metall ersetzt werden. Dem bernsteinsauren Natrium kommt also die Formel zu:

$$\begin{array}{c} COONa \\ | \\ CH_2 \\ | \\ CH_2 \\ | \\ COONa \end{array}$$

bernsteinsaures Natrium

Die Bernsteinsäure hat ihren Namen von ihrem Vorkommen im Bernstein. Die Bezeichnung ihrer Salze als Succinate geht auf das lateinische succinum: Bernstein zurück.

Die Benutzung des Natriumsuccinats zur Trennung der erwähnten Metalle beruht darauf, daß das Ferri- und Aluminiumsuccinat in neutraler Flüssigkeit unlöslich sind, während die übrigen Metalle in Lösung bleiben.

Es sei erwähnt, daß die Weinsäure strukturchemisch in naher Beziehung zur Bernsteinsäure steht. Wird in jeder der beiden CH_2-Gruppen der Bernsteinsäure ein H-Atom durch eine OH-Gruppe ersetzt, so erhält man die Weinsäure. Man kann also die Weinsäure als Di-oxy-Bernsteinsäure bezeichnen.

β-Naphtochinon-α-oxim.
(α-Nitroso-β-naphtol.)

Das unrichtigerweise mit dem Namen α-Nitroso-β-naphtol bezeichnete Reagens findet in erster Linie Verwendung bei der gewichtsanalytischen Trennung des Kobalts vom Nickel; es bildet mit Kobalt eine unlösliche Verbindung. Vereinzelt dient es auch zum qualitativen Nachweis des Kobalts. Ferner wird es benutzt zur Trennung des Eisens vom Aluminium und zur Bestimmung des Palladiums.

Zur Erklärung seiner Formel ist es nötig, einige nicht ganz einfache Begriffe einzuführen. — Auf Seite 17 war der ringförmige Kohlenwasserstoff Benzol erläutert und seine Strukturformel folgendermaßen angegeben:

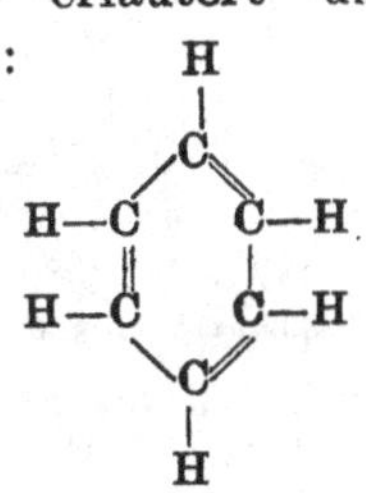

Benzol

Nun kennt man einen Kohlenwasserstoff, dessen Strukturformel das Bild zweier „kondensierter“ Benzolringe ergibt, also:

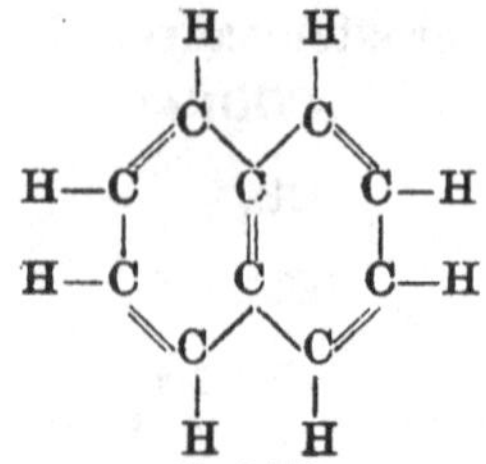

Naphtalin

und der den Namen Naphtalin führt. Man beachte, daß die beiden Benzolringe zwei C-Atome gemeinsam haben, daß das Naphtalin also nicht etwa aus 2 Molekülen Benzol besteht.

Durch Oxydation kann man aus dem Naphtalin einen Körper folgender Art erhalten:

Naphtalin + 3 O = 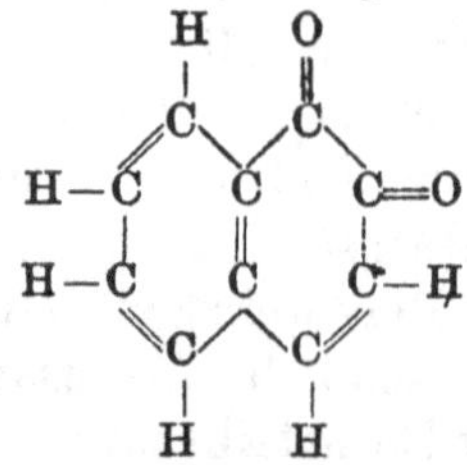 + H_2O

Naphto-chinon

Das Naphtochinon enthält zweimal die Gruppe >C=O. Diese =CO-Gruppe war auf Seite 9 als das Charakteristikum der Ketone angegeben (die beiden übrigen Valenzen des C-Atoms sind an C gebunden). Derartige Ketone ringförmiger Kohlenwasserstoffe führen den Namen „Chinone“; das Chinon des Naphtalins heißt Naphto-chinon.

Bei dem Dimethylglyoxim (S. 6) war ausgeführt, daß eine =CO-Gruppe (dort die eines Aldehydes) mit Hydroxylamin folgendermaßen reagiert:

$$>C\boxed{O + H_2}NOH = >C=NOH + H_2O$$

— oxim

Ein solches Derivat des Naphtochinons ist das Naphto-chinon-oxim:

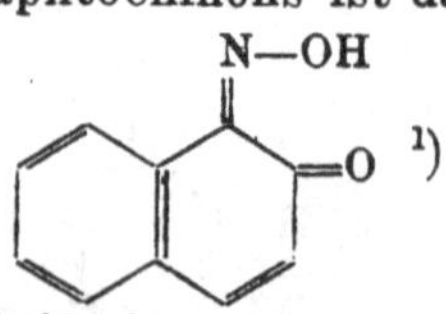 [1]

Naphto-chinon-oxim

[1] Man schreibt für gewöhnlich die Strukturformel der Benzolringe in dieser vereinfachten Form. Meist verzichtet man dabei auch noch auf die Bezeichnung der Doppelbindungen.

in dem also an Stelle des einen O-Atoms eine Oximgruppe (=NOH) getreten ist.

Das H-Atom dieser Oximgruppe ist, genau wie bei dem Dimethylglyoxim, durch Metall ersetzbar. Das dreiwertige Kobalti-ion ersetzt also in drei Molekülen des Naphto-chinon-oxims diese H-Atome und es bildet sich eine Verbindung:

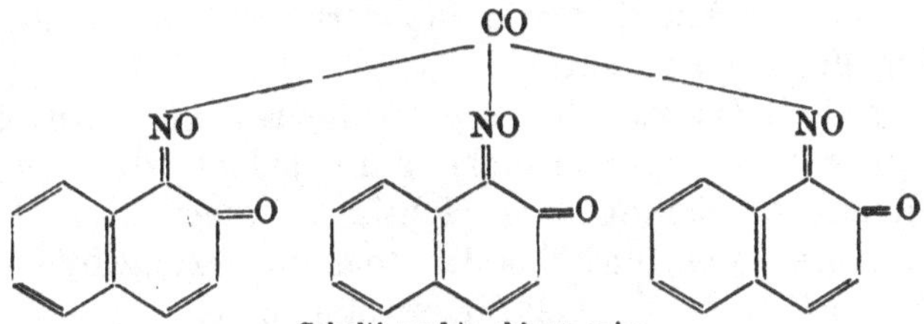

Cobalti-naphto-chinon-oxim

Noch einige Worte über die Bedeutung der griechischen Buchstaben in dem Namen des Reagens.

Bei organischen Verbindungen ist es nicht gleichgültig, an welchem C-Atom ein Substituent eintritt (abgesehen natürlich von dem Fall, daß die C-Atome vollkommen gleichartig gebunden sind, z. B. beim Äthan $\left(\begin{array}{c} \mathrm{H}\ \ \mathrm{H} \\ | \quad | \\ \mathrm{H{-}C{-}C{-}H} \\ | \quad | \\ \mathrm{H}\ \ \mathrm{H} \end{array}\right)$. Es entstehen verschiedene Substitutionsprodukte, deren Unterscheidung nötig ist. Man geht dann in der Weise vor, daß man die C-Atome, an denen ein Substituent eintreten kann, mit griechischen Buchstaben (oder mit Zahlen) bezeichnet. Beim Naphtalin geschieht das in folgender Weise:

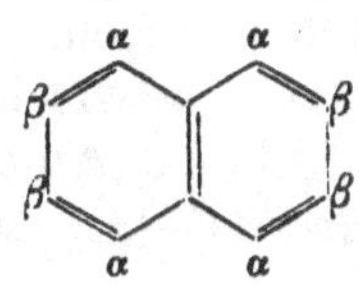

Die den beiden gemeinsamen C-Atome (an denen kein Substituent eintreten kann, da alle vier Valenzen gebunden sind) benachbarten C-Atome erhalten den Buchstaben α, die nicht benachbarten den Buchstaben β. Man erkennt, daß es also vier α-C-Atome und vier β-C-Atome in dem Naphtalin gibt. Alle α- und alle β-C-Atome sind unter sich einander völlig gleichartig, wie man bei näherer Betrachtung sehen wird.

Kehren wir nun zu dem β-Naphtochinon-α-oxim zurück, so erkennt man jetzt wohl den Sinn der Buchstabenbezeichnung. -α-oxim heißt, daß die Oximgruppe sich an einem α-C-Atom befindet, β-Naphtochinon bedeutet, daß das noch vorhandene O-Atom die β-Stelle einnimmt, wie man sich durch einen Rückblick auf die angegebene Strukturformel überzeugen kann.

Um keine Verwirrung hervorzurufen, soll auf die Bedeutung des unrichtigen Namens α-Nitroso-β-naphtol nicht eingegangen werden. Es sei nur erwähnt, daß man dem Körper seinerzeit eine später als irrtümlich erwiesene Strukturformel gab, und ihn nach dieser Formel benannte.

Es mag vielleicht zu schwierig erscheinen, diese Ausführungen sich einzuprägen. Man gebrauche dann jedoch stets, wenn man mit dem Reagens arbeitet, den richtigen Namen „Naphto-chinon-oxim" und merke sich, daß das H-Atom der Oximgruppe (=NOH) durch die Wertigkeit der Metalle ersetzt wird.

Nitron.

1,4-Diphenyl-3,5-endo-anilo-triazolin.

Das unter dem Namen Nitrōn zur gewichtsanalytischen Bestimmung der Salpetersäure, bisweilen auch zu ihrem qualitativen Nachweis benutzte Reagens, ist eine organische Base. Ihrer Zusammensetzung nach gehört sie in eine Körperklasse, deren Betrachtung auch dem vorgeschrittenen Chemiker Schwierigkeiten bereitet. Es wäre ein Unding, wenn ein erst anorganisch arbeitender junger Chemiker versuchen wollte, sich hier volles Verständnis zu verschaffen.

Für den, der später, wenn er in das Gebiet der organischen Chemie tiefer eingedrungen ist, sein Wissen vervollständigen will, seien folgende Ausführungen gegeben.

Ist in einem ringförmigen (cyklischen) Kohlenwasserstoff ein (oder mehrere) C-Atome durch das Atom eines anderen Elementes ersetzt, z. B. im Benzol (ein ≡C—H) durch N

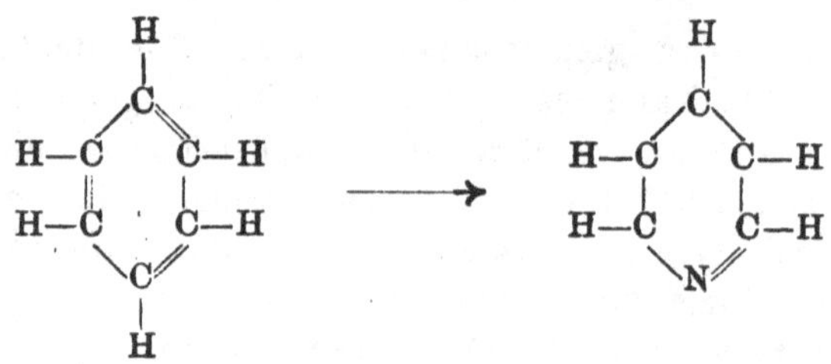

so erhält man einen heterocyklischen Kohlenwasserstoff (heteros, griech. = anders).

Ein solcher heterocyklischer Kohlenwasserstoff ist der Grundkörper des Nitrons, nämlich der drei Stickstoffatome (tri-azo) enthaltende Fünfring Triazolin

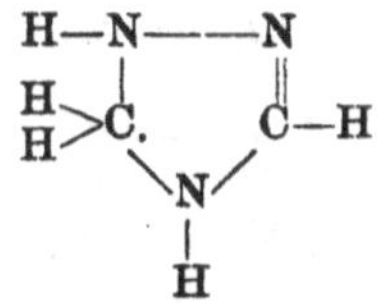

Triazolin

In dieses Triazolin ist nun auf eigentümliche Weise eine Anilogruppe eingetreten. Als Anilogruppe bezeichnet man ein Anilin

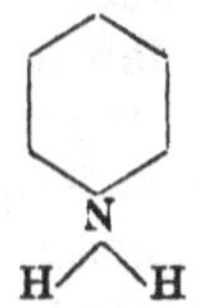

Anilin

$C_6H_5 \cdot NH_2$,

bei dem die beiden im Anilin durch Wasserstoff gebundenen Wertigkeiten des Stickstoffs auf andere Weise gesättigt sind.

Dieses Stickstoffatom des Anilins ist nun hier an die beiden C-Atome des Triazolins gebunden und zwar so, daß man sich die Anilogruppe ($=N \cdot C_6H_5$) innerhalb des Fünfringes befindlich vorzustellen hat. Es ergibt sich also folgendes Bild:

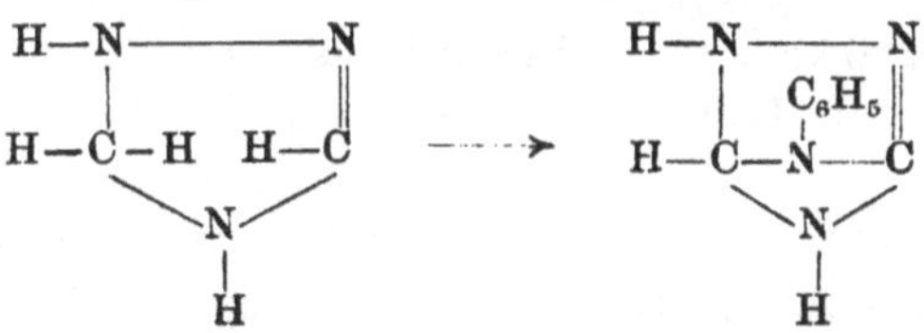

Triazolin → endo-anilo-Triazolin

Man sieht, an die Stelle zweier H-Atome des Triazolins sind die beiden Stickstoffwertigkeiten der Anilogruppe getreten. Die Bezeichnung „endo" besagt, daß die Anilogruppe innerhalb des Ringes liegt (endos griech. = innerhalb).

Werden in diesem Körper noch zwei H-Atome durch zwei Phenylgruppen ($-C_6H_5$) ersetzt, so erhält man

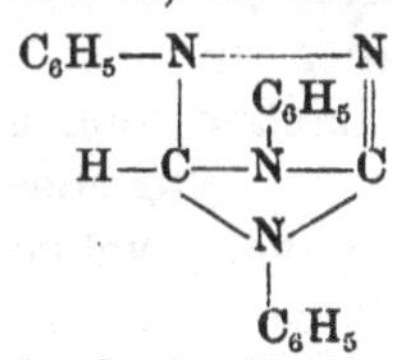

Di-phenyl-endo-anilo-Triazolin

also den Körper, der kurz als „Nitron" bezeichnet wird.

Die Ziffern in dem Namen der Verbindung geben die Stellung der eingetretenen Substituenten an. Man hat die Atome des Triazolins in folgender Weise numeriert:

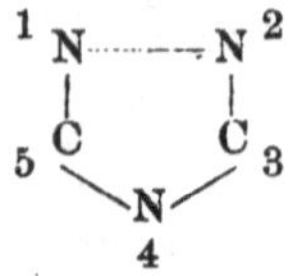

1,4-Di-phenyl besagt, daß die beiden Phenylgruppen sich an den mit 1 und 4 bezeichneten Atomen des Ringes befinden; 3,4-endoanilo bedeutet dementsprechend, daß die Anilogruppe an die mit den Ziffern 3 und 5 versehenen Atome gebunden sind.

Das Nitron ist eine Base. Mit Salpetersäure bildet sich das Nitronnitrat in der Weise, daß ein Stickstoffatom von dem dreiwertigen in den fünfwertigen Zustand übergeht; an diese beiden Wertigkeiten lagert sich die Salpetersäure an. Diese Reaktion findet an dem mit „4" bezeichneten N-Atom statt.

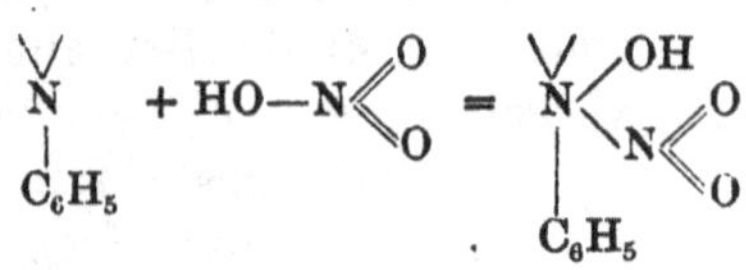

Es ist bemerkenswert, daß nur das eine N-Atom mit Salpetersäure reagiert; es bildet sich stets eine Verbindung mit 1 HNO_3 auf 1 Nitron.

Der ausführliche Name des Nitrons ist gewöhnlich als „Diphenyl-endanilo-dihydro-triazol" angegeben. Für dihydro-triazol hat man neuerdings die Bezeichnung Triazolin eingeführt. -endanilo ist lediglich eine Abkürzung von endo-anilo.

III. Maßanalyse.

Indikatoren.

Als Indikatoren werden in den Unterrichtslaboratorien bei der Alkalimetrie und Acidimetrie wohl ausschließlich Methylorange und Phenolphtaleïn verwandt. Nur diese beiden sollen im folgenden besprochen werden. (Über Lackmus und Lackmoid s. S. 40.)

Methylorange und Phenolphtalein sind aromatische Körper, d. h. Derivate des Benzols. Es sei zunächst auf das an früherer Stelle Ausgeführte verwiesen (S. 17).

1. Methylorange.

(Na-Salz der Dimethyl-amino-azobenzol-sulfosäure.)

Der Grundkörper dieses Indikators ist das Azobenzol (azo-Stickstoff).

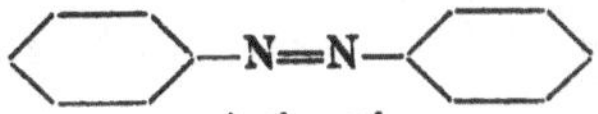

Azobenzol

Zwei N-Atome sind mit zwei ihrer Wertigkeiten aneinander gebunden, die dritten an je einen Benzolring (d. h. an eine Phenylgruppe C_6H_5).

In diesem Azobenzol ist ein H-Atom durch eine Aminogruppe ($-NH_2$) ersetzt, in folgender Weise:

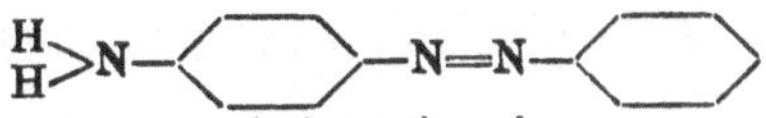

Amino-azobenzol

Die beiden H-Atome dieser Aminogruppe sind gegen zwei Methylgruppen ($-CH_3$) ausgetauscht, also:

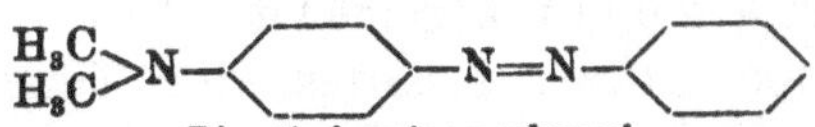

Dimethyl-amino-azobenzol

In dem zweiten Benzolring ist ein H-Atom durch eine Sulfosäuregruppe ersetzt. Hierunter versteht man folgende Gruppe

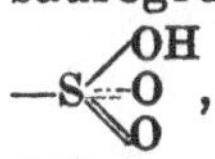 , also $-SO_3H$, d. h. ein Schwefelsäuremolekül minus einer OH-Gruppe. Es ergibt sich dann folgendes Bild:

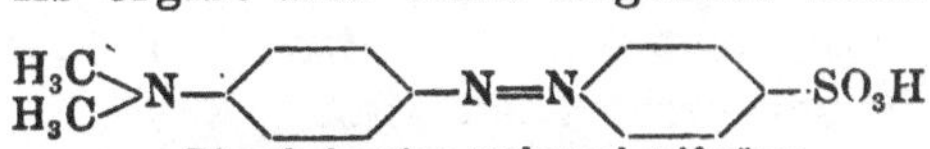

Dimethyl-amino-azobenzol-sulfosäure

Das H-Atom der Sulfosäuregruppe ist, wie in jeder Säure, durch Metall ersetzbar. Meist verwendet man unter dem Namen Methylorange das Natriumsalz der Säure als Indikator.

Für die freie Säure ist auch die Bezeichnung Helianthin gebräuchlich.

An früherer Stelle (S. 23) ist erwähnt, daß es bei organischen Körpern wesentlich ist, an welchen Stellen die Substituenten eintreten. Aus diesem Grunde wird im Namen einer Verbindung die Stellung der einzelnen Substituenten bezeichnet.

Sind in einem Benzolring zwei Substituenten eingetreten, so können diese folgende drei verschiedene Stellungen zueinander einnehmen:

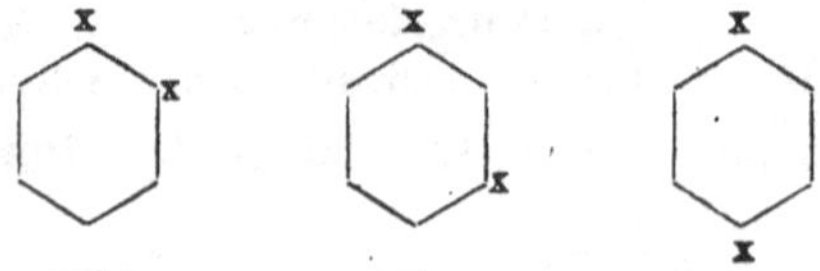

ortho meta para

die man mit den griechischen Worten ortho, meta und para voneinander, wie ersichtlich, unterscheidet. Man kürzt gewöhnlich die Worte mit o., m., und p. ab.

In der obigen Formel des Methyloranges erkennt man, daß sowohl die Dimethylaminogruppe $\begin{matrix}H_3C\\H_3C\end{matrix}>N-$, wie die Sulfosäuregruppe $-SO_3H$ zu den N-Atomen ihres Benzolringes in para-Stellung stehen. Will man das im Namen zum Ausdruck bringen, so muß man schreiben:

para-Dimethyl-amino-azobenzol-para-sulfosäure.

Häufig findet man auch die Stellung der Substituenten im Methylorange durch Ziffern bezeichnet. Die C-Atome, an denen die —N=N-Gruppe haftet, erhalten die Ziffer 1, die übrigen C-Atome der Benzolringe fortlaufende Zahlen, so daß dann die C-Atome, an denen im Methylorange die beiden Substituenten eingetreten sind, mit 4 bezeichnet werden. So heißt der Name:

4-Dimethylamino-1,1′-azobenzol-4′-sulfosäure.

2. Phenolphtaleïn.

Als Phenol bezeichnet man ein Benzol, in dem ein H-Atom durch eine OH-Gruppe ersetzt ist, also:

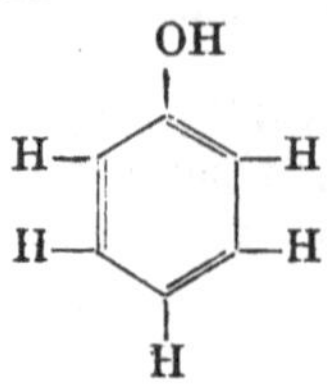

$C_6H_5 \cdot OH$

Phenol

In der aliphatischen Reihe (S. 17) erhält ein Kohlenwasserstoff, in dem ein H-Atom durch eine OH-Gruppe ersetzt ist, den Namen Alkohol. Daß man diese Bezeichnung nicht auch für aromatische Verbindungen verwendet, hat seinen Grund darin, daß sich die aliphatischen und aromatischen Hydroxylverbindungen in einer Reihe wichtiger Eigenschaften unterscheiden (s. u.).

Zur Erläuterung des Namens „Phtaleïn“ diene folgendes.

Wir lernten auf Seite 22 den Kohlenwasserstoff Naphtalin kennen. Oxydiert man das Naphtalin mit starken Oxydationsmitteln, so erhält man:

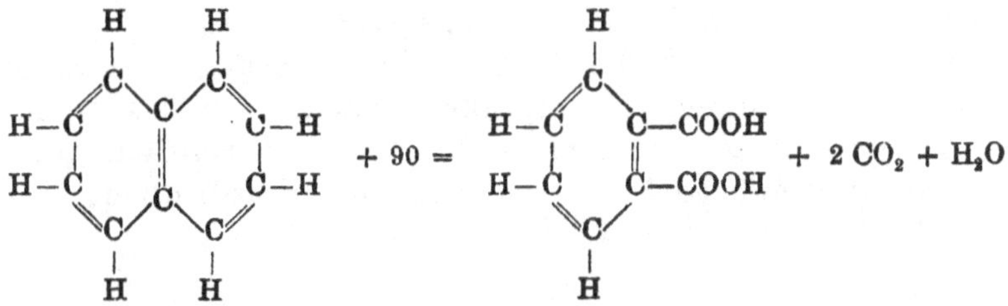

Naphtalin Phtalsäure

Unter Spaltung des einen Benzolringes entsteht eine zweibasische Säure (S. 3), die nach ihrer Bildung aus dem Naphtalin den Namen Phtalsäure führt.

Die Phtalsäure bildet ein Anhydrid von folgender Konstitution:

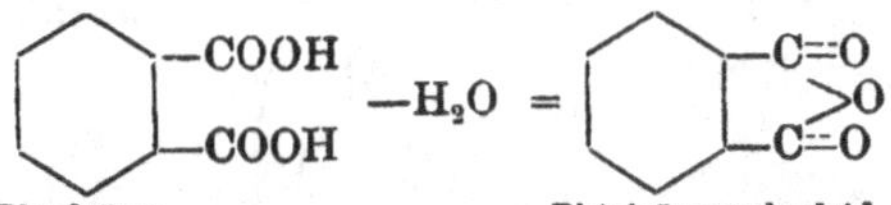

Phtalsäure Phtalsäureanhydrid

Dieses Phtalsäureanhydrid reagiert in eigentümlicher Weise mit zwei Molekülen des oben erwähnten Phenols:

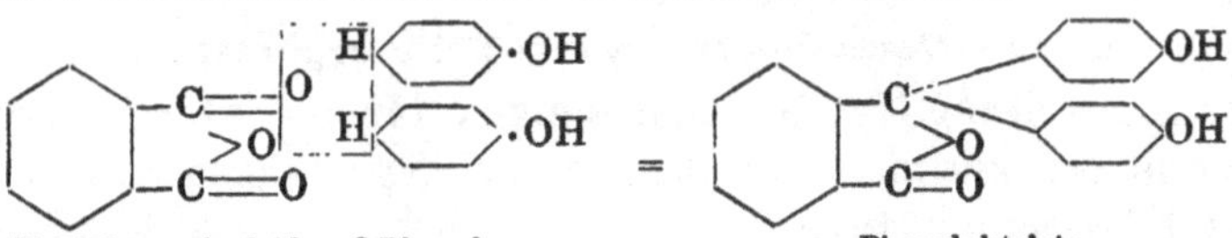

Phtalsäureanhydrid + 2 Phenol Phenolphtalein

Der entstehende Körper ist der Indikator Phenolphtalein.

Es sei bemerkt, daß von den beiden Phenolen die H-Atome austreten, die zu den OH-Gruppen in para-Stellung stehen (S. 28).

Das Phenol hat, darin unterscheidet es sich u. a. von den aliphatischen Alkoholen, mehr die Eigenschaften einer Säure. Durch die beiden Hydroxylgruppen der Phenole besitzt deshalb das Phenolphtalein den Charakter einer Säure, allerdings den einer ganz schwachen.

Zur Theorie der Indikatoren.

Die analytischen Lehrbücher geben, soweit sie sich mit der Theorie der Indikatoren befassen, meist an, daß der Farbumschlag eines Indikators darauf beruhe, daß der nicht dissoziierte Indikator eine andere Farbe besitze als seine Ionen (Ostwald). Aus neueren Forschungen hat sich aber ergeben, und das wird gewöhnlich nicht zum Ausdruck gebracht, daß der Farbumschlag seine Ursache in einer Konstitutionsänderung des Indikatormoleküls hat. — Selbstverständlich ist aber zur Erklärung des ganzen Vorganges auch dann noch die Heranziehung der elektrolytischen Dissoziation und des Massenwirkungsgesetzes nötig.

Im einzelnen auf die Konstitutionsänderungen einzugehen, würde zu weit führen. Es sei nur erwähnt, daß das Auftreten einer Färbung meist eine Umlagerung im Benzolring zur Ursache hat. Der gewöhnliche Benzolring zeigt die Konstitution:

 ;

dem die Färbung hervorrufenden wird folgende zugeschrieben:

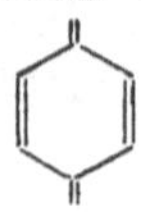 .

Stoffe, in denen man eine derartige Bindung annimmt, bezeichnet man als „chinoïde“ Körper (von 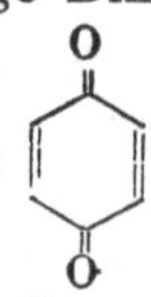

Chinon)

Einstellung von Normallösungen mit Hilfe organischer Säuren.

Zur Einstellung der Normallösungen für die Alkalimetrie und Acidimetrie benutzt man gewöhnlich die organischen Säuren Oxalsäure und Bernsteinsäure.

Beide sind an früherer Stelle beschrieben, die Oxalsäure auf Seite 12, die Bernsteinsäure auf Seite 20.

Die Bernsteinsäure hat gegenüber der Oxalsäure den Vorzug, daß sie ohne Kristallwasser kristallisiert, und daß sie sich infolgedessen bequem im Exsikkator trocknen läßt, was bei der Oxalsäure, die zwei Moleküle Kristallwasser enthält, nicht angängig ist.

Dagegen bietet die Oxalsäure den Vorteil, daß ihre Lösung später zur Einstellung der Permanganatlösung verwendet werden kann (vgl. dazu S. 13).

Einzelne Methoden.

Die im folgenden zu besprechenden maßanalytischen Verfahren gehören an sich ganz in das Gebiet der organischen Chemie. Sie werden jedoch häufig im Unterrichtslaboratorium im anorganischen Praktikum ausgeführt, so daß ihre Erwähnung hier angezeigt erschien.

Titration des Pyridins.

Auf Seite 24 war die Definition eines heterocyklischen Kohlenwasserstoffs gegeben. Ein solcher ist das Pyridin

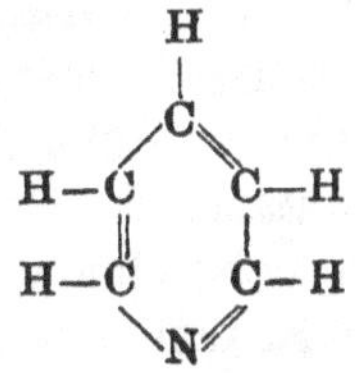

Pyridin

C_5H_5N

Es ist also ein Benzolring in dem eine $\equiv$C·H-Gruppe des Ringes durch ein Stickstoffatom ersetzt ist.

Das Pyridin ist eine Base, jedoch eine so schwache, daß seine Titrierung unter Anwendung von Indikatoren nicht möglich ist. — Man führt seine Bestimmung in der Weise aus, daß man der wässerigen Pyridinlösung Ferrichlorid zusetzt. Dann tritt folgende Reaktion ein:

$$3\,C_5H_5N + FeCl_3 + 3\,H_2O = 3\,C_5H_5N \cdot HCl + Fe(OH)_3 .$$

Es bildet sich salzsaures Pyridin

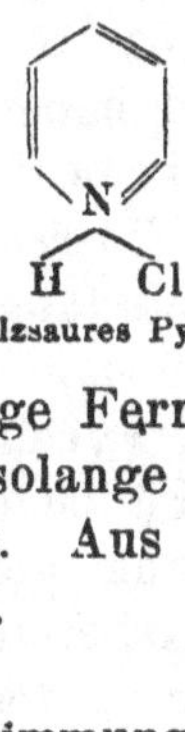

salzsaures Pyridin

und eine äquivalente Menge Ferrihydroxyd, das ausfällt. Nun setzt man der Flüssigkeit solange Normalsäure zu, bis sich das Ferrihydroxyd aufgelöst hat. Aus dem Säureverbrauch läßt sich der Pyridingehalt errechnen.

Stickstoffbestimmung nach Kjeldahl.

Die Methode beruht darauf, daß der Stickstoff organischer Verbindungen durch Erhitzen mit konzentrierter Schwefelsäure in Ammoniak (Ammoniumsulfat) übergeführt wird. Durch Destillation mit Natronlauge setzt man das Ammoniak in Freiheit, das in einer mit Normalsäure beschickten Vorlage aufgefangen und hier als Ammonsalz gebunden wird. Die überschüssige Normalsäure wird zurücktitriert. So findet man die Menge des gebildeten Ammoniaks und berechnet daraus den in der organischen Substanz vorhanden gewesenen Stickstoff.

Uns interessiert hier die Zersetzung der organischen Verbindungen.

Folgende, allerdings nicht für alle Fälle unbedingt gültige Reaktionsdarstellung erklärt den Vorgang in anschaulicher Weise:

1. Die konzentrierte Schwefelsäure entzieht den organischen Verbindungen Wasser; dabei entsteht freier Kohlenstoff.

2. Der Kohlenstoff reduziert die Schwefelsäure zu schwefliger Säure; diese reduziert den gebundenen Stickstoff zu Ammoniak.

Zur Erleichterung der Reaktion werden mannigfaltige Zusätze von Metalloxyden und Salzen benutzt. Teilweise beteiligen sich diese Zusätze an der Reaktion; im allgemeinen wirken sie als Katalysatoren.

In gewissen organischen Stickstoffverbindungen läßt sich der Stickstoff nicht nach der Kjeldahl-Methode bestimmen.

Das sind zunächst solche, aus denen der Stickstoff durch die Schwefelsäure in Form flüchtiger Verbindungen freigemacht wird, z. B. bei Nitriten und Nitraten. Ferner gehören hierher Nitro-(—NO_2)- und Nitroso-(—NO)-Verbindungen. Aus allen diesen entwickeln sich beim Erhitzen mit Schwefelsäure Oxyde des Stickstoffs. Es entsteht allerdings auch Ammoniak, immerhin ist das Verfahren hier nicht mehr quantitativ. Auch Cyanide und Azoverbindungen (—N=N—) sind neben einer großen Anzahl anderer Verbindungen hierher zu rechnen. Hier können Verluste durch Entstehen von HCN bzw. N_2 eintreten.

In gewissen anderen Verbindungen ist, wie man annimmt, der Stickstoff zu fest gebunden, so daß eine restlose Zersetzung nicht eintritt. Hierher gehört z. B. Pyridin (S. 31).

Teilweise ist in solchen Fällen durch Anwendung besonderer Mittel trotzdem die Ausführung der Methode möglich. In den Lehrbüchern über organische Arbeitsmethoden und in der Literatur sind genaue Angaben hierüber zu finden.

Zuckerbestimmung (nach Fehling).

Die maßanalytische Zuckerbestimmung (nach Fehling) wird in folgender Weise ausgeführt.

Die zu untersuchende Zuckerlösung wird mit verdünnter Säure längere Zeit erhitzt (invertiert, s. u.). Von dieser Lösung werden dann verschiedene gemessene Mengen (1, 2, 3 usw. ccm) mit einer in jedem Fall gleichbleibenden Menge Fehlingscher Lösung (5 ccm) bekannten Kupfergehalts abermals erhitzt. Hierbei scheidet sich Kupferoxydul ab. Durch weiteres Ausproben findet man, wieviel von der Zuckerlösung genau nötig ist, um aus den 5 ccm Fehlingscher Lösung alles Kupfer als Kupferoxydul auszufällen, und berechnet daraus die Menge des vorhandenen Zuckers.

1. Was ist Zucker?

Es muß zunächst besprochen werden, was man unter „Zucker" versteht, und welche Verbindungen der Zuckerklasse hier in Betracht kommen.

Für alle Zucker ist folgende Atomgruppierung charakteristisch:

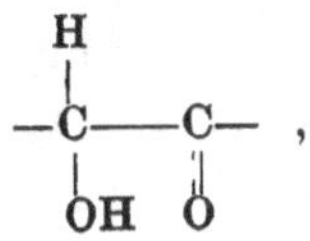

d. h. in ihnen befindet sich neben einer Alkoholgruppe eine Karbonylgruppe: 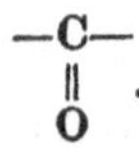 . Steht diese Karbonylgruppe am Ende einer Kohlenstoffkette, ist also die vierte Wertigkeit ihres C-Atoms an H gebunden, so haben wir die Gruppe 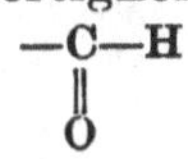 , also eine Aldehydgruppe (S. 5). Solche Zucker heißen „Aldosen". Steht dagegen die 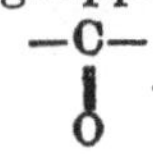 -Gruppe zwischen zwei anderen C-Atomen, also:

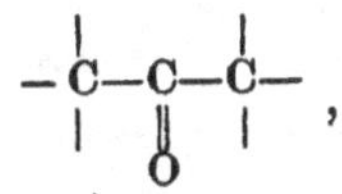

so haben wir die typische Ketongruppe (S. 9). Diese Zucker heißen „Ketosen".

Ferner teilt man die Zucker noch nach einem anderen Gesichtspunkte ein, nämlich nach der Anzahl der in ihnen enthaltenen Kohlenstoffatome. Alle wichtigen Zucker enthalten sechs C-Atome oder deren Vielfaches. Für uns kommen nur die mit sechs und zwölf C-Atomen in Betracht.

Die Zucker mit 1×6 C-Atomen heißen Monosen, die mit 2×6 C-Atomen: Biosen.

Diese Angaben genügen hier.

Wir wollen zunächst die in Frage kommenden Monosen, also die sechs C-Atome enthaltenden Zucker betrachten. Ist die Monose eine Aldose, so kann ihr folgende Strukturformel zukommen

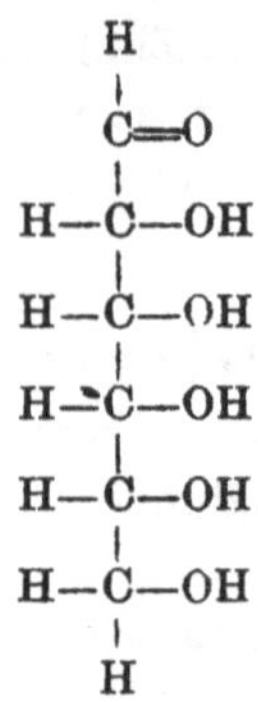

Traubenzucker (Glukose)

Ist sie eine Ketose, dann läßt sich ihre Strukturformel folgendermaßen darstellen:

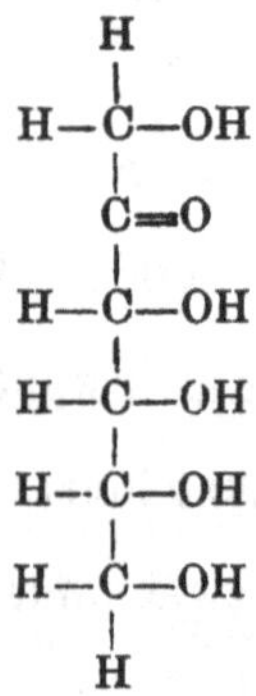

Fruchtzucker (Fruktose)

Die Namen und Strukturformeln dieser beiden wichtigen Zuckerarten präge man sich ein (Traubenzucker, a enthaltend ist die **A**ldose).

Kondensieren sich ein Molekül Traubenzucker und ein Molekül Fruchtzucker unter Austritt von einem Molekül Wasser, so entsteht ein Zucker mit zwölf C-Atomen, also eine Biose. Diese Biose ist der Rohrzucker, gewöhnlich „Zucker" genannt. Es ist also: 1 Rohrzucker = 1 Traubenzucker + 1 Fruchtzucker — 1 H_2O.

Auf die Strukturformel des Rohrzuckers soll nicht eingegangen werden, da sie kompliziert ist. Es sei aber bemerkt, daß die Bindung der beiden Bestandteile aneinander derartig ist, daß bestimmte Reaktionen der Monosen bei der Biose Rohrzucker nicht mehr auftreten. Die charakteristische $\underset{\underset{O}{\|}}{-C-}$ -Gruppe der Monosen ist durch anderweitige Bindungen in ihrer Natur verändert.

2. Erläuterungen zum Reaktionsvorgang.

a) Inversion.

Zu den Reaktionen der Monosen, die die Biose Rohrzucker nicht zeigt, gehört die, auf der die Fehlingsche Bestimmung beruht.

Es ist deshalb nötig, zunächst den Rohrzucker in Traubenzucker und Fruchtzucker zu zerlegen. Rohrzucker besteht, wie eben ausgeführt ist, aus 1 Traubenzucker + 1 Fruchtzucker — 1 H_2O. Man muß also den Rohrzucker unter Einführung eines Moleküls Wasser spalten, dann erhält man Traubenzucker und Fruchtzucker. Das erreicht man durch längeres Erhitzen der Zuckerlösung mit einer verdünnten Säure.

Dieser Zerlegungsvorgang wird als Inversion bezeichnet, man sagt, der Rohrzucker wird invertiert.

Inversion heißt „Umkehrung". Der Name rührt her von dem optischen Verhalten der Lösung vor und nach der Behandlung mit verdünnter Säure. Unter Hinweis auf das im nächsten Abschnitt (Polarisation) Ausgeführte sei erwähnt, daß die Rohrzuckerlösung rechtsdrehend, die Lösung nach der Inversion jedoch linksdrehend ist; es hat also eine Umkehrung (Inversion) stattgefunden.

b) Bildung des Kupferoxyduls.

Fehlingsche Lösung ist ein alkalisches Gemisch von Kupfersulfat und Kalium-Natriumtartrat (Seignettesalz).

Monosen sind Reduktionsmittel (Frucht- und Traubenzucker werden also dann dabei oxydiert; die Oxydationsprodukte sind verschiedene komplizierte Verbindungen).

Auf diesem Reduktionsvermögen der Monosen beruht die Fehlingsche Bestimmung. Das Kupfersulfat wird zu unlöslichem Kupferoxydul, das ausfällt, reduziert.

Hat man ermittelt, wieviel invertierte Zuckerlösung nötig ist, um aus einer bekannten Menge Fehlingscher Lösung alles Kupfer abzuscheiden, so läßt sich daraus der Gehalt an Traubenzucker + Fruchtzucker, und hieraus wiederum der Gehalt an Rohrzucker errechnen.

Bestimmung des Zuckers durch Polarisation.

Im Anschluß an den vorigen Abschnitt sei kurz einiges erwähnt über die polarimetrische Zuckerbestimmung, obgleich diese nicht in das Gebiet der Maßanalyse gehört.

Es hat sich gezeigt, daß eine große Anzahl organischer Verbindungen und ihre Lösungen die Eigenschaft haben, die Schwingungsebene des polarisierten Lichtstrahles (s. physikalische Lehrbücher) zu drehen, wenn dieser Lichtstrahl durch sie hindurchgeht.

Alle diese Verbindungen zeigen eine gewisse Eigentümlichkeit ihres Molekülbaues, also ihrer Strukturformel. Sie besitzen sämtlich ein (oder mehrere) C[1])-Atome, dessen vier Valenzen auf vier verschiedene Weisen, also durch vier verschiedene Atome oder Atomgruppen gesättigt sind. Dieses den optisch aktiven Verbindungen eigentümliche C-Atom bezeichnet man als ein asymmetrisches Kohlenstoffatom.

Als Beispiel diene der Traubenzucker; in ihm ist das in der Formel bezeichnete C-Atom asymmetrisch:

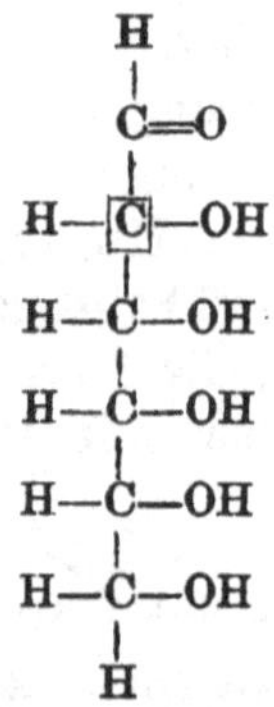

Traubenzucker

Seine vier Valenzen sind nämlich gebunden:

1. an —H
2. an —OH
3. an 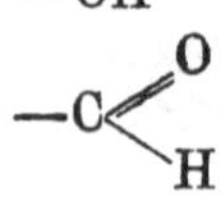
4. an 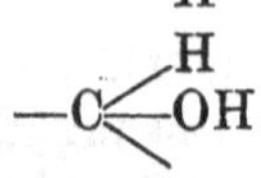

Infolgedessen ist der Traubenzucker optisch aktiv. — Ein Gleiches gilt für Frucht- und Rohrzucker.

Bei der polarimetrischen Bestimmung des Rohrzuckers ist selbstverständlich eine Inversion des Rohrzuckers überflüssig. Man kennt das spezifische Drehungsvermögen des Rohrzuckers

[1]) Auch Atome anderer Elemente als Kohlenstoff, besonders Stickstoff, können unter den gleichen Umständen die Ursache optischer Aktivität sein.

und kann aus dem abgelesenen Drehungswinkel (und den anderen bekannten Faktoren) den Zuckergehalt errechnen, denn der Grad der Drehung ist, wie leicht einzusehen, von der Konzentration der Zuckerlösung abhängig.

Stärke als Indikator für Jod.

Die Stärke gehört zu der Gruppe der Zuckerarten. Die Zucker können, wie auf Seite 33 angegeben ist, nach der Anzahl der in ihnen enthaltenen C-Atome eingeteilt werden:

1×6 C-Atome : Monosen
2×6 C-Atome : Biosen
3×6 C-Atome : Triosen
. . . .
$n \times 6$ C-Atome : Polyosen (poly, griech. = viel).

Die Stärke gehört zu den Polyosen, man kennt wohl ihre prozentuale Zusammensetzung, nicht aber ihre Molekulargröße. Ihre Formel schreibt man deshalb: $(C_6H_{10}O_5)_n$.

Der mit freiem Jod entstehende blaue Körper wird Jodstärke genannt. Man ist sich noch nicht darüber einig, ob man in ihm eine Verbindung oder eine feste Lösung zu sehen hat. Jedenfalls wird er durch alle Stoffe, die mit Jod reagieren, augenblicklich zersetzt; dieser Umstand macht seine Verwendung als Indikator für freies Jod möglich.

Die Bildung der Jodstärke tritt nur ein bei Gegenwart von Jodwasserstoff oder löslichen Jodiden. Daraus hat man auf das Bestehen einer Doppelverbindung etwa von dem Typus:

$$(C_6H_{10}O_5)_n \cdot J_m \cdot HJ$$

geschlossen. Aber auch hier gehen die Meinungen noch auseinander.

Beim Erwärmen verliert die Jodstärke ihre blaue Farbe, jedoch kehrt diese beim Erkalten zurück. Eine sichere Erklärung dafür fehlt noch.

Jodometrische Phenolbestimmung.

Auf Seite 28 ist die Formel des Phenols erläutert:

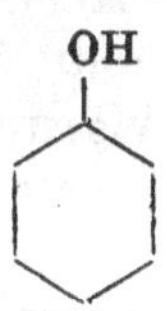

Phenol

$C_6H_5 \cdot OH$

Soweit organische Begriffe bei dieser Bestimmung in Frage kommen, ist die Reaktion sehr einfach.

Auf das Phenol läßt man Brom einwirken. Das Brom entsteht aus einer Bromid-Bromatlösung

$$5\,KBr + KBrO_3 + 3\,H_2SO_4 = 6\,Br + 3\,H_2O + 3\,K_2SO_4.$$

Dieses freie Brom wirkt substituierend auf das Phenol ein, drei H-Atome werden durch drei Br-Atome ersetzt. Es entsteht

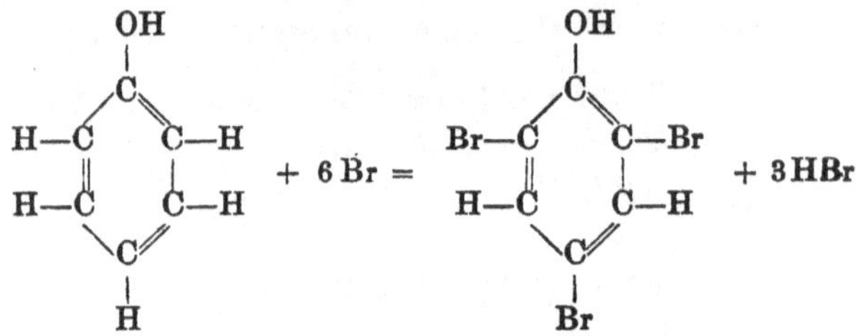

Phenol Tribromphenol

Der Stellung der Bromatome nach bezeichnet man die Verbindung als symmetrisches Tribromphenol, oder mit Ziffern 2,4,6-Tribrom-1-phenol. Beides ist wohl ohne weiteres verständlich.

IV. Gasanalyse.

Kaliumpyrogallol (Absorption von Sauerstoff).

Das Pyrogallol ist ein Phenol (S. 28). Wie man mehrwertige Alkohole kennt (vgl. Glykol S. 5), so sind auch mehrwertige Phenole bekannt. Ein solches ist das Pyrogallol und zwar ein dreiwertiges:

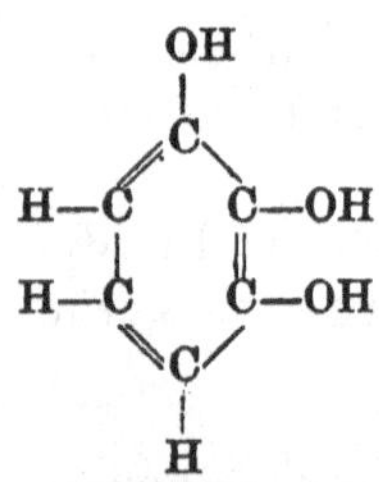

Pyrogallol

In einem Benzolring sind also drei H-Atome durch Hydroxylgruppen ersetzt. Man kann deshalb das Pyrogallol als ein Trioxybenzol, der Stellung der Hydroxylgruppen nach 1,2,3-Trioxybenzol bezeichnen (wohl auch v. = vicinales [benachbart] Trioxybenzol genannt).

Bei dem Phenolphtaleïn (S. 28) ist erwähnt, daß den Phenolen im Gegensatz zu den Alkoholen mehr der Charakter einer Säure zukommt. Das tritt hier deutlich in Erscheinung. Beim Versetzen einer Pyrogallollösung mit Alkali bildet sich:

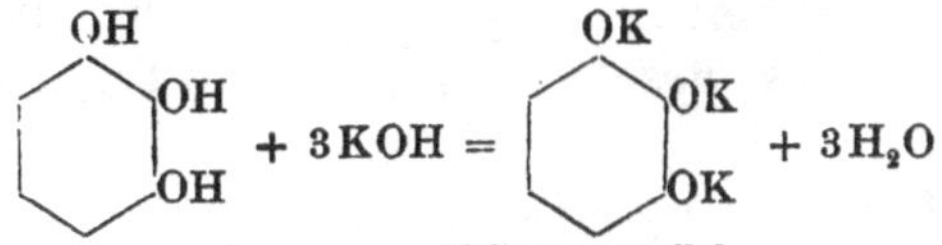

Kaliumpyrogallol

Dieses Kaliumpyrogallol nimmt begierig Sauerstoff auf, es wird also oxydiert. Bei diesem Oxydationsvorgange entstehen, neben komplizierten Produkten, durch Spaltung des Benzolringes: Essigsäure, Kohlendioxyd und bisweilen auch Kohlenoxyd. Dieses letzte würde in der Gasanalyse sehr störend wirken. Durch Einhalten gewisser Versuchsbedingungen kann man aber seine Bildung verhindern. Näheres darüber findet sich in den analytischen Lehrbüchern.

Tri-nitro-phenol-natrium (Natriumpikrat).
Absorption von Wasserstoff.

Das Trinitrophenolnatrium kommt zur Anwendung bei der **Paalschen** Absorptionsmethode für Wasserstoff.

Das Trinitrophenol ist ein dem Tribromphenol (vgl. S. 38) ganz analog zusammengesetzter Körper:

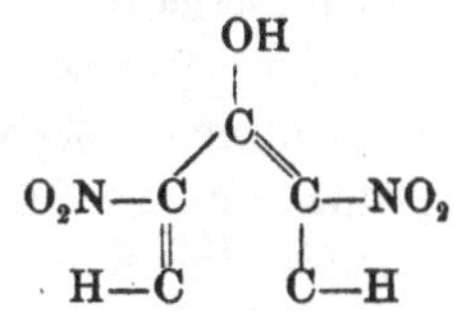

s. Trinitrophenol (Pikrinsäure)

Drei H-Atome des Phenols sind durch drei NO_2(Nitro)gruppen ersetzt, und zwar ebenso wie bei dem Tribromphenol in symmetrischer Stellung. Man würde also schreiben s. (= symmetrisch) Trinitrophenol oder 2,4,6-Trinitro-1-phenol.

Die Verbindung führt wegen ihrer ausgesprochen sauren Eigenschaften auch den Namen Pikrinsäure (pikros, griech. bitter; sie besitzt bitteren Geschmack). Wird das H-Atom der Hydroxylgruppe durch Natrium ersetzt, so erhält man Trinitrophenolnatrium (Natriumpikrat).

Die Absorptionsflüssigkeit besteht aus einem Gemisch von Lösungen von Trinitrophenolnatrium und kolloidalem Palladium. Das Palladium, insbesondere das in kolloidalem Zustande, hat die Eigenschaft, Wasserstoff zu adsorbieren und ihn auf andere Stoffe zu übertragen. Dies geschieht hier; das Trinitrophenolnatrium wird reduziert:

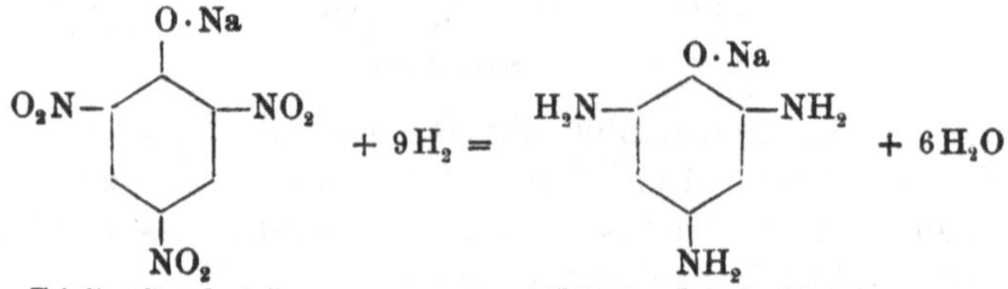

Trinitrophenolnatrium Triaminophenolnatrium

Der entstehende Körper heißt nach seinen drei Aminogruppen Triaminophenolnatrium.

Das kolloidale Palladium wirkt also als Katalysotor; theoretisch könnte mit einer geringen Menge Palladium beliebig viel Trinitrophenolnatrium reduziert, also beliebig viel Wasserstoff absorbiert werden.

V. Reagenspapiere, Lösungsmittel, Verschiedenes.

a) Reagenspapiere.

Lackmuspapier.

Der Farbstoff des Lackmuspapiers, das Lackmus wird aus bestimmten Flechtenarten gewonnen. Man kennt seine Zusammensetzung nicht, weiß aber, daß er eine ganze Reihe verschiedenartiger Körper enthält. Auch die Konstitution dieser einzelnen Bestandteile ist noch nicht ermittelt; wohl aber hat man hier Beziehungen zu bekannten organischen Verbindungen gefunden.

Unter den verschiedenen isolierten Körpern scheint ein bestimmter, aber auch noch nicht näher bekannter, das Azolithmin, der Farbstoff zu sein, dem die charakteristischen Eigenschaften des Lackmus, sein Indikatorcharakter, zuzuschreiben sind.

Für das Auftreten der Färbungen ist natürlich bei der unbekannten Zusammensetzung des Farbstoffes eine chemische Begründung nicht möglich. Wahrscheinlich tritt auch hier eine Konstitutionsänderung ein (vgl. S. 29).

Die rote und blaue Farbe des Lackmuspapiers wird durch Zusatz von etwas Säure bzw. Base zu dem an sich violett gefärbtem Farbstoff erhalten.

Als amphoteres (griech. beide) Lackmuspapier bezeichnet man ein Papier, dessen Farbe violett gehalten ist, das also gleichzeitig zur Erkennung von Säure und Base benutzt werden kann.

Anmerkung. Lackmoid.

Lackmoid, das in seinen Eigenschaften dem natürlichen Lackmus ähnelt, ist ein synthetisch hergestellter Körper.

Es entsteht durch Zusammenschmelzen von Resorcin mit Natriumnitrit. Resorcin ist ein zweiwertiges Phenol (vgl. S. 28 und 53) von folgender Konstitution:

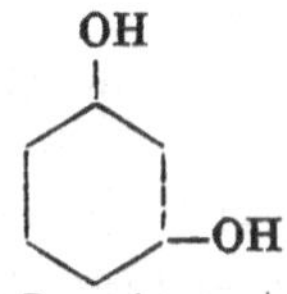

Resorcin

Es ist also ein meta-Dioxybenzol (S. 28).

Die Konstitution des bei der Reaktion entstehenden Lackmoids ist noch unermittelt, wohl aber ist seine prozentuale Zusammensetzung bekannt.

Kurkumapapier.

Das Kurkumapapier, zum Nachweis der Borsäure benutzt, enthält als Farbstoff das „Kurkumin“. Auch dieser Körper wird, wie das Lackmus, aus Pflanzen gewonnen und zwar aus den Wurzeln gewisser tropischer Gewächse der Kurkumaarten.

Im Gegensatz zu dem Lackmus ist das Kurkumin ein einheitlicher Körper. Über seine Konstitution gehen die Meinungen noch auseinander; sie ist jedenfalls ziemlich verwickelt.

Bestimmtes über den mit Borsäure entstehenden orangeroten (bei gleichzeitiger Gegenwart von Alkalien — blauen) Farbstoff ist nicht bekannt.

Stärkepapiere.

Die Anwendung der Stärkepapiere begründet sich auf der Blaufärbung der Stärke durch freies Jod. Näheres darüber siehe unter „Stärke“ S. 37.

b) Organische Lösungsmittel.

Gewisse Elemente und anorganische Verbindungen lösen sich in bestimmten organischen Flüssigkeiten.

In der qualitativen Analyse benutzt man dies in einigen Fällen zur Identifizierung, wenn die Lösung des anorganischen

Stoffes in dem organischen Lösungsmittel eine charakteristische Farbe besitzt (z. B. Jod, Perchromsäure). Außerdem benutzt man auch die Löslichkeit, um aus Gemischen einzelne Bestandteile herauszulösen (z. B. Schwefel).

In der quantitativen Analyse finden organische Lösungsmittel Verwendung in erster Linie, um die Ausfällung von Verbindungen, die in den organischen Stoffen weniger löslich sind, als in Wasser, vollständiger zu machen (z. B. Bleisulfat).

Von den in Frage kommenden organischen Verbindungen sind verschiedene bereits früher erwähnt.

Äthylalkohol, gewöhnlich als Alkohol, auch als Weingeist bezeichnet, ist auf S. 2 und 7,

Amylalkohol auf S. 2 und 7,

Diäthyläther, kurz Äther (unrichtig Schwefeläther) genannt, auf S. 3 besprochen.

Schwefelkohlenstoff

hat die Formel S=C=S, CS_2.

Es dient als Lösungsmittel für Jod, Schwefel und Phosphor.

Ganz reiner Schwefelkohlenstoff ist fast geruchlos.

Der Schwefelkohlenstoff ist wegen seiner leichten Entzündbarkeit vorsichtig zu handhaben. Er verbrennt nach folgender Gleichung:

$$CS_2 + 3O_2 = CO_2 + 2SO_2,$$

also ohne Rückstand und ohne Ruß-(Kohlenstoff)Entwicklung.

Chloroform, Trichlormethan.

Das Trichlormethan ist ein Substitutionsprodukt des Methans (S. 1)

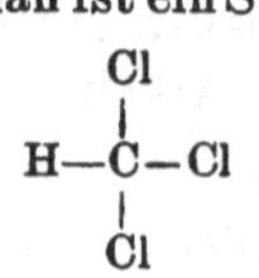
, $CHCl_3$

Chloroform, Trichlormethan

Drei H-Atome des Methans sind durch drei Cl-Atome ersetzt. Chloroform ist ein gutes Lösungsmittel für Jod.

c) Verschiedenes.

Paraffin.

Paraffin ist ein Gemenge von Kohlenwasserstoffen der Methanreihe (vgl. S. 1 und S. 16) und zwar ihrer höchsten, über 300° siedenden Glieder. Das Molekül dieser einzelnen Kohlenwasserstoffe enthält oft weit mehr als 20 aneinander gekettete C-Atome, also etwa in der Weise:

Sie sind Homologe (S. 2) des Methans; ihre Strukturformeln unterscheiden sich von der des Methans nur durch die in ihnen mehr enthaltenen $=CH_2$-Gruppen.

Der Name Paraffin rührt von der außerordentlichen chemischen Trägheit dieser Kohlenwasserstoffe her (parum wenig, affinis verwandt).

Durch Behandeln mit geschmolzenem Paraffin werden Korke dichter und widerstandsfähiger. Es dient ferner zur Herstellung von Hahnfett, wie es zum Einfetten der Glashähne gebraucht wird. Schließlich benutzt man es beim Ätzen des Glases, um durch einen Paraffinüberzug die Teile, die nicht geätzt werden sollen, zu schützen.

Glycerin.

Glycerin ist ein mehrwertiger Alkohol (vgl. S. 5) und zwar $CH_2OH \cdot CHOH \cdot CH_2OH$.

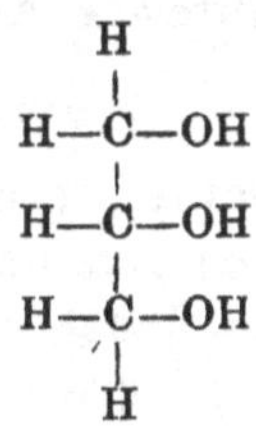

Glycerin

Es enthält also drei Hydroxylgruppen und ist demnach ein dreiwertiger Alkohol.

Ältere Gummischläuche werden durch Behandeln mit Glycerin wieder etwas elastischer und dichter.

Kollodium.

Die Grundsubstanz des Kollodiums ist die Zellulose.

Zellulose, der Hauptbestandteil der Pflanzenzellwände, gehört chemisch zu den Zuckerarten (vgl. S. 33). Wie die Stärke (S. 37) ist sie eine Polyose; man kennt die Größe ihres Moleküls nicht.

Wird Zellulose mit Salpetersäure behandelt, so entstehen durch Reaktion der alkoholischen Hydroxylgruppen mit der Salpetersäure Salpetersäureester (Nitrate). (Eins dieser Produkte ist die bekannte Schießbaumwolle: Zellulose-tri-nitrat).

Unter gewissen Bedingungen erhält man ein der Schießbaumwolle ähnliches Produkt, das den Namen Kollodiumwolle führt. Eine Auflösung dieses Stoffes in einem Alkoholäthergemisch bildet das Kollodium des Laboratoriums.

Es dient zum Abdichten von Stopfen und Schlauchverbindungen.

B. Seltener gebrauchte Reagentien.

In diesem zweiten Abschnitt findet sich eine Zusammenstellung von organischen Reagentien, die im Unterrichtslaboratorium im allgemeinen wenig angewandt werden, die aber in einem Teil der analytischen Lehrbücher erwähnt sind. Einzelne von ihnen sind für den vorgeschrittenen Analytiker unentbehrlich.

I. Qualitative Analyse.

Morin (Aluminium).

Morin, auch als Morinsäure bezeichnet, ist ein vorzügliches Reagens auf Aluminium. Die Ausführung dieses noch nicht genügend bekannten Nachweises findet sich in Böttger, Qualitative Analyse, 3. Aufl., S. 211. Der große Wert dieser Reaktion beruht darauf, daß sie vollkommen eindeutig ist. In manchen Fällen, z. B. bei Gegenwart sehr fein verteilter Kieselsäure, bildet Morin das einzige Mittel die Abwesenheit oder Gegenwart von Aluminium festzustellen. Auch bei dem schwierigen Nachweis von Aluminium neben Zirkonium und Beryllium leistet die Morinreaktion ausgezeichnete Dienste.

Morin ist eine Verbindung, die aus dem Holz des Färbermaulbeerbaums, Morus tinctoria, von dem sie ihren Namen hat, isoliert wird. Sie ist auch auf synthetischem Wege erhalten worden. Die Konstitutionsformel des Morins steht heute fest, sie ist aber kompliziert, so daß hier auf ihre Wiedergabe verzichtet wird, zumal über die mit Aluminium eintretende Reaktion noch Unklarheit herrscht.

Benzaldehyd (Hydrazin).

Benzaldehyd ist, wie sein Name sagt, ein Aldehyd (S. 5) des Benzols, also

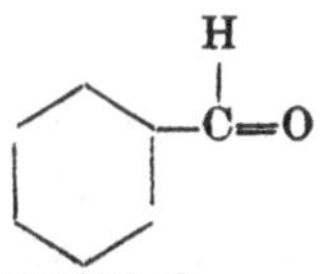

$C_6H_5 \cdot CHO$

Benzaldehyd

Mit Hydrazin $H_2N—NH_2$ reagieren zwei Moleküle Benzaldehyd in folgender Weise:

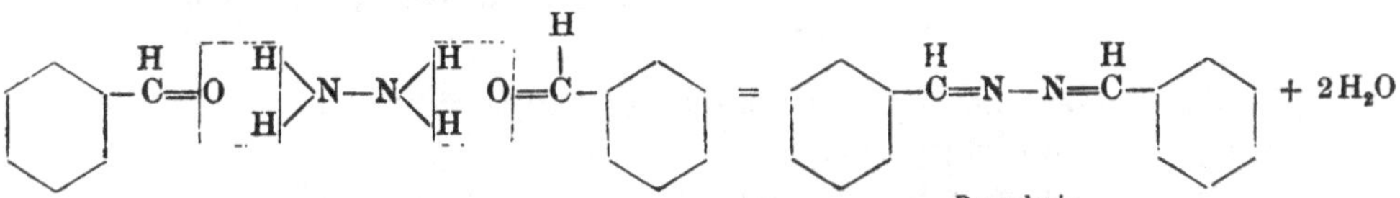

Benzalazin

Di-phenyl-karbazid (Chromsäure).

Diphenylkarbazid ist wohl das empfindlichste Reagens auf Chromsäure. (Anwendung s. Treadwell, Anal. Ch. I, S. 613 9. Aufl.) Ihm kommt die Formel zu:

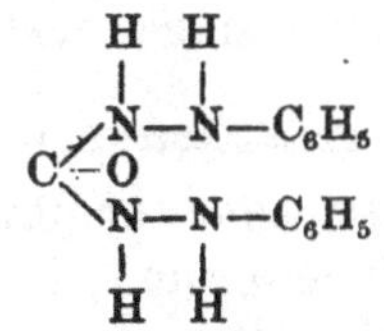

Diphenylkarbazid

Es gehört zur Gruppe der Harnstoffderivate. Harnstoff hat (S. 19) die Formel:

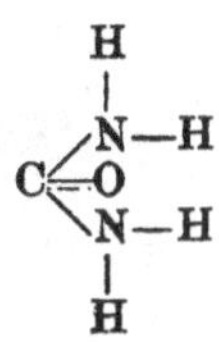

Harnstoff

Eine vollständige Erklärung des Namens würde zu weit führen; Di-phenyl = $2\,C_6H_5$-Gruppen ist jedoch ohne weiteres verständlich.

Die Bildung der bei der Reaktion auftretenden violetten Färbung beruht in der Hauptsache wohl in einer Oxydationswirkung der Chromsäure. Daneben ist aber auch in dem entstehenden Farbstoff ein Chromgehalt nachgewiesen worden.

Diphenylkarbazid kann auch zur quantitativen Bestimmung der Chromsäure benutzt werden. Aus der Stärke der Färbung erkennt man den Chromgehalt; es ist das also eine kolorimetrische Methode.

Benzidin (Chromsäure).

Benzidin ist ebenfalls ein außerordentlich empfindliches Reagens auf Chromsäure; man benutzt es deshalb zum mikrochemischen Nachweis dieser Säure (Böttger, Qual. Anal., S. 270, 3. Aufl.). Es hat folgende Formel:

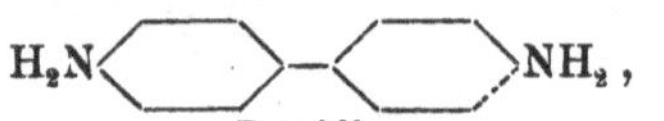
Benzidin

$H_2N \cdot C_6H_4 \cdot C_6H_4 \cdot NH_2$

Zwei aneinander gebundene Benzolringe tragen in para-Stellung je eine Aminogruppe.

Die Reaktion mit Chromsäure beruht auf der Bildung eines chromsauren Benzidins in ganz normaler Weise. Die beiden N-Atome gehen von dem dreiwertigen in den fünfwertigen Zustand über. Die vier neuen Valenzen binden die vier Valenzen der Chromsäureionen $H_2^{\cdot\cdot}CrO_4''$. Es reagiert also ein Molekül Benzidin mit einem Molekül Chromsäure. — Eine Oxydation des Benzidins durch Chromsäure kommt, wie sicher festgestellt ist, nicht in Frage.

Die Methylenblaureaktion (Schwefelwasserstoff).

Man weist mit dieser sehr empfindlichen Reaktion die geringsten Spuren Schwefelwasserstoff (im Wasser) nach.

Das Reagens ist p-Dimethylamino-anilinsulfat.

Wie der Name des Reagens besagt, steht in para-Stellung zu der Aminogruppe des Anilins eine zweite Aminogruppe.

Anilin,

p-Amino-anilin (auch p-Phenylendiamin genannt)

In einer der beiden Aminogruppen sind beide H-Atome durch Methylgruppen ersetzt.

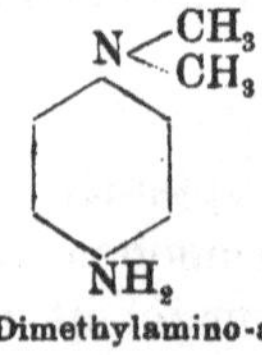
p-Dimethylamino-anilin

Das schwefelsaure Salz dieser Base ist das Reagens.

Zwei Moleküle des Reagens reagieren mit einem Molekül Schwefelwasserstoff bei Gegenwart eines Oxydationsmittels ($FeCl_3$); der entstehende schwefelhaltige Körper ist das Methylenblau; die Zusammensetzung ist ziemlich kompliziert.

Nitroprussidnatrium (Schwefelwasserstoff).

Nitroprussidnatrium ist ein besonders in der organischen Chemie viel verwandtes Reagens auf Schwefelwasserstoff. Außerdem kann es zum Nachweis von schwefliger Säure neben Thioschwefelsäure dienen (Böttger, Qual. Anal., S. 273, 3. Aufl.).

Ihm kommt die Formel $Na_2[Fe^{III}(CN)_5 \cdot NO]$ zu. Es ist das Natriumsalz einer Säure, des Nitroprussidwasserstoffs.

Seine Konstitution läßt sich auf Grund der Wernerschen Valenztheorie erklären. Dem Eisen kommt in seinen komplexen Cyanverbindungen die Koordinationszahl 6 zu. Man hat sich in dem komplexen Anion also um das zentrische Eisenatom die fünf CN-Gruppen und die NO-Gruppe gelagert vorzustellen. Auf Grund der Nomenklatur der Metallkomplexe wird das Nitroprussidnatrium auch Ferripentacyan-nitroso-natrium genannt.

Die merkwürdige Bezeichnung „prussid“ ist vielleicht auf folgende Weise zu erklären. Eisencyanverbindungen führen in der alten pharmazeutischen Litteratur, noch heute in der französischen, den Namen „Prussias“. Es ist möglich, daß dieses Wort Prussias gebildet ist nach dem Ferriferrocyanid, dem Preußisch (prussien) Blau (gewöhnlich Berliner Blau genannt). Entsprechend der Darstellung des Nitroprussidnatriums aus Salpetersäure und einer „Prussias“verbindung hat man ihm dann den Namen „Nitroprussid“ gegeben. Es sei aber darauf hingewiesen, daß es sich hier nur um einen Erklärungsversuch handelt.

Über den Charakter der bei der Reaktion mit Schwefelwasserstoff auftretenden violetten Färbung, die übrigens unbeständig ist, ist nichts Näheres bekannt.

Azofarbstoffreaktionen auf salpetrige Säure (nach Peter Grieß).

Die hierher gehörenden Reaktionen dienen zum Nachweis sehr geringer Mengen salpetriger Säure, z. B. im Trinkwasser. Mit ihrer Hilfe kann man auch eine quantitative Bestimmung der salpetrigen Säure (auf kolorimetrischem Wege) ausführen.

1. Nachweis der salpetrigen Säure mit m-Phenylendiamin.

Auf Seite 46 ist das p-Phenylendiamin erwähnt, es hat die Formel:

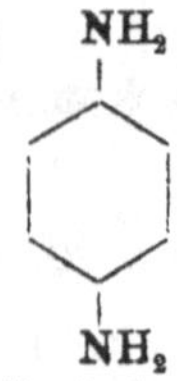

p-Phenylendiamin (p-Aminoanilin)

das m-Phenylendiamin ist dann:

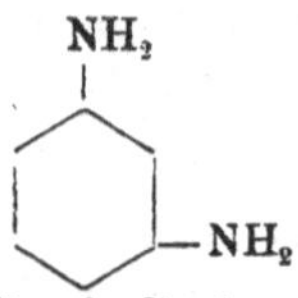

m.-Phenylendiamin

Die Bezeichnung „Phenylen" für die Gruppe $=C_6H_4$ ist wenig schön, aber allgemein gebräuchlich. Deutlicher würde man das m-Phenylendiamin : m-Aminoanilin oder m-Diaminobenzol nennen.

Aromatische Amine, reagieren mit salpetriger Säure in sehr charakteristischer Weise. Es bilden sich dabei (zunächst) sog. Diazokörper, die für Synthesen äußerst wichtig geworden sind. Auf diese verhältnismäßig komplizierten Reaktionen soll nicht näher eingegangen werden; in den organischen Lehrbüchern sind diese Vorgänge ausführlich behandelt.

Der Nachweis der salpetrigen Säure beruht darauf, daß aus zwei Molekülen m-Phenylendiamin und einem Molekül salpetriger Säure als Endprodukt ein gelbbrauner Farbstoff entsteht:

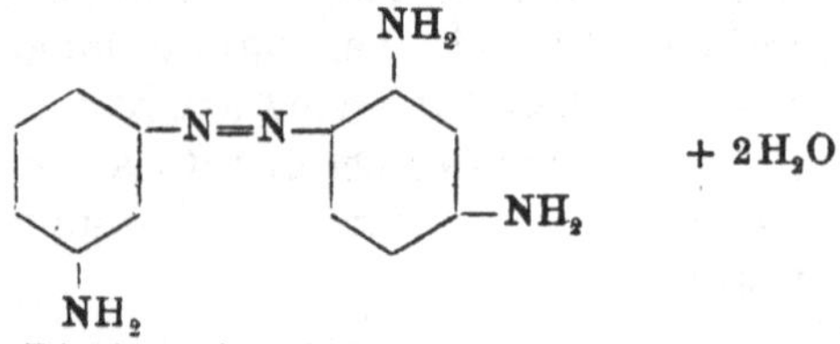

Triamino-azobenzol (Bismarckbraun)
[Azobenzol s. S. 27.]

2. Nachweis der salpetrigen Säure mit Sulfanilsäure + α-Naphtylamin.

Sulfanilsäure ist eine Sulfosäure des Anilins und zwar befindet sich die Sulfosäuregruppe (SO_3H) in para-Stellung zur Aminogruppe.

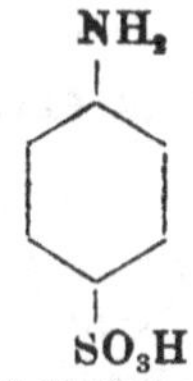

Sulfanilsäure

α-Naphtylamin ist ein Amin des Naphtalins. Aus den auf Seite 22 über das Naphtalin gegebenen Ausführungen geht alles Erforderliche hervor.

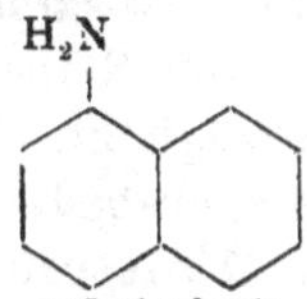

α-Naphtylamin

Die Reaktion mit salpetriger Säure führt auch hier über die Bildung eines Diazokörpers zu einem rotgefärbten Kuppelungsprodukt zwischen beiden Bestandteilen:

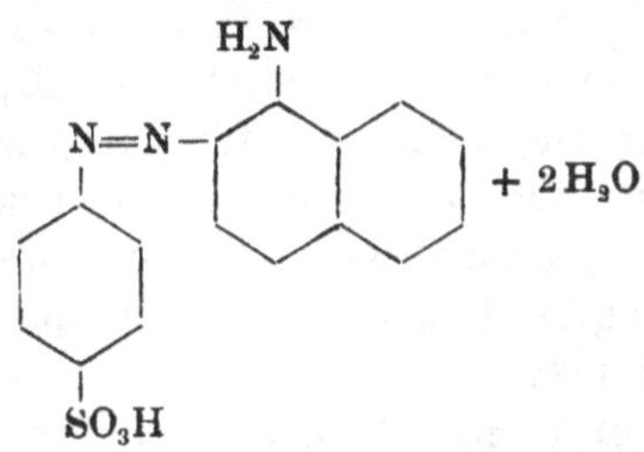

Indigo (Salpetersäure, salpetrige Säure).

Indigolösung dient, abgesehen von ihrer Verwendung im Indigoprisma (S. 8), zum Nachweis von Salpetersäure und salpetriger Säure. Die Reaktion ist aber nur bei Abwesenheit gewisser oxydierender Stoffe zuverlässig.

Indigo hat folgende Formel:

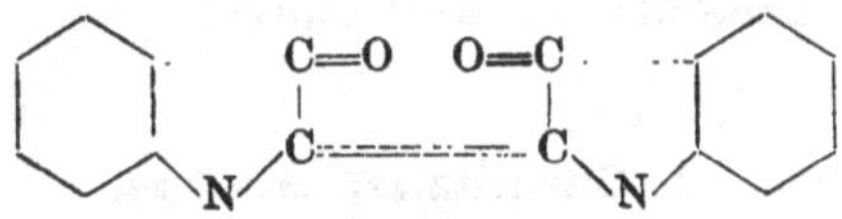

Indigo

Bei der komplizierten Konstitution erscheint ein Eingehen auf Einzelheiten nicht angebracht.

Die Entfärbung der Indigolösung beruht auf einer Oxydation

durch die betreffende Säure, wobei Spaltung des Indigomoleküls eintritt. Es bildet sich dabei in erster Linie Isatin.

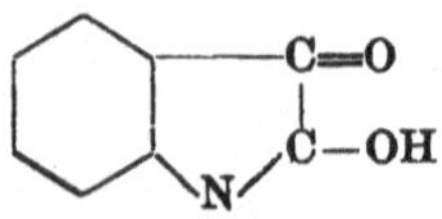

Isatin

Brucin (Salpetersäure).

Brucin ist ein Reagens auf Salpetersäure. Seine Bedeutung beruht darauf, daß es nicht mit salpetriger Säure reagiert und infolgedessen den Nachweis von Salpetersäure neben salpetriger Säure auf einfache Weise ermöglicht. Bei der Ausführung dieser Reaktion sind aber die Versuchsbedingungen genau einzuhalten, weil sonst leicht auch bei Abwesenheit von Salpetersäure der Nachweis positiv ausfällt. Die analytischen Lehrbücher geben Genaueres an.

Brucin gehört in eine Klasse organischer Verbindungen, die man als Alkaloide bezeichnet. Unter diesem Sammelbegriff faßt man eine große Reihe von Stoffen zusammen, die man aus Pflanzen gewinnt, und die gewisse „alkaliähnliche" Eigenschaften, außerdem meist bestimmte physiologische Wirkungen, besitzen. Es sind sämtlich stickstoffhaltige Verbindungen von mehr oder weniger ausgeprägt basischem Charakter. Erst bei wenigen ist der synthetische Aufbau geglückt, bei vielen steht noch nicht die genaue Konstitutionsformel fest.

Auch die Struktur des Brucins von der Formel $C_{23}H_{26}O_4N_2$ muß als noch nicht vollkommen aufgeklärt gelten. Der heute vorgeschlagenen Formel kommt aber schon ein hohes Maß von Wahrscheinlichkeit zu.

Bei der Einwirkung von Salpetersäure auf Brucin findet zunächst eine Oxydation statt. Es bildet sich ein rot gefärbter Chinonkörper (S. 30); dann wirkt die Salpetersäure nitrierend, es entsteht eine gelbe Nitroverbindung. Man kann unter Umständen beide Farbtöne nacheinander beobachten.

II. Quantitative Analyse.

Bei der Besprechung der Azofarbstoffreaktionen auf salpetrige Säure (S. 47) ist bereits erwähnt, daß man mit ihrer Hilfe die salpetrige Säure auf kolorimetrischem Wege quantitativ bestimmen kann.

Ameisensäure (Palladium, Platin).

Ameisensäure hat die Formel

$$\begin{array}{c} O \\ \| \\ H-C-OH \end{array}, \qquad H\cdot COOH$$

Ameisensäure

Sie ist das erste Glied der homologen Reihe der einbasischen Säuren. Aus dieser Reihe lernten wir bereits früher die Essigsäure kennen, die sich von der Ameisensäure dadurch unterscheidet, daß sie eine $=CH_2$Gruppe mehr als diese enthält.

Die Ameisensäure hat ihren Namen von ihrem Vorkommen im Körper der Ameisen; ihre Salze heißen Formiate (formica: Ameise).

Der Reaktionsverlauf geht aus folgender Gleichung hervor:

$$\underset{\text{Natriumformiat}}{H\cdot COONa} + PdCl_2 = NaCl + HCl + CO_2 + Pd$$

Die Ameisensäure zerfällt also unter Entwicklung von Kohlendioxyd und reduziert dabei das Palladiumsalz zu metallischem Palladium.

Formaldehyd (Wismut, Gold).

Formaldehyd hat die Formel:

$$\begin{array}{c} O \\ \| \\ H-C-H \end{array}$$

Formaldehyd

Er ist, wie sein Name besagt, der zur Ameisensäure (Formiate S. 51) gehörende Aldehyd (S. 5), d. h. aus ihm entsteht durch Oxydation Ameisensäure, wie aus folgendem Oxydationsschema hervorgeht:

$$\underset{\text{Methylalkohol}}{\begin{array}{c} OH \\ | \\ H-C-H \\ | \\ H \end{array}} \longrightarrow \underset{\text{Formaldehyd}}{\begin{array}{c} O \\ \| \\ H-C-H \end{array}} \longrightarrow \underset{\text{Ameisensäure}}{\begin{array}{c} O \\ \| \\ H-C-OH \end{array}}$$

Wäßrige Formaldehydlösung heißt „Formalin“.

Formaldehyd wirkt in alkalischer Lösung reduzierend:

$$\underset{\text{Formaldehyd}}{H\cdot CHO} + NaOH = \underset{\text{Natriumformiat}}{HCOONa} + H_2$$

Es entsteht unter Wasserstoffentwicklung, wobei das Metallsalz zum Metall reduziert wird, ameisensaures Natrium. Bei dieser Reaktion wirkt das anwesende Metall wahrscheinlich als Katalysator.

Die entstandene Ameisensäure kann dann unter Umständen, z. B. beim Gold, ebenfalls reduzierend wirken (S. 51).

Benzidin (Wolframsäure).

Die Methode beruht auf der Abscheidung der Wolframsäure als wolframsaures Benzidin. Näheres über Benzidin s. S. 46.

Die wichtigsten Radikale (S. 4) und Atomgruppen.

oxy	$—OH$
methyl	$—CH_3$
äthyl	$—C_2H_5$
amyl	$—C_5H_{11}$
phenyl	$—C_6H_5$
(phenylen	$=C_6H_4$)
carboxyl	$—COOH$
carbonyl	$=CO$ (Aldehyde $—\overset{H}{\overset{\mid}{C}}=O$; Ketone $(C)—\overset{(C)}{\overset{\mid}{C}}=O$)
nitro	$—NO_2$
nitroso	$—NO$
amino	$—NH_2$
oxim	$=NOH$
sulfosäure	$—SO_3H$
kakodyl	$—As(CH_3)_2$

Buchstaben und Ziffern in organischen Namen.

n. = normal, i. = isomer } S. 6

o. = ortho, m. = meta, p. = para } Benzolderivate mit zwei Substituenten S. 28

v. = vicinal, s. = symmetrisch, a. = asymmetrisch } Benzolderivate mit drei Substituenten S. 38, 39.

Ziffern und griechische Buchstaben dienen zur Bezeichnung der Stellung der Substituenten (S. 23, 28).

Sachregister.

(Die Ziffern bedeuten die Seitenzahlen.)

Praktische Einführung in die Allgemeine Chemie

Anleitung zu physikalisch-chemischem Praktikum und selbständiger Arbeit

von **Dr. phil. Max Trautz**
Professor für physikalische Chemie und Elektrochemie an der Universität Heidelberg

Mit 187 Abbildungen im Text

Groß-Oktav. Geh. *M* 12.—, geb. *M* 14.50

Das vorliegende Werk des berühmten Chemikers, eine Frucht langjähriger Lehrtätigkeit, wendet sich an Chemiker, will aber auch jeden Naturwissenschaftler, Mediziner, Biologen, Mittelschullehrer und besonders Studierenden in die begriffliche und experimentelle Forschungstechnik einführen.

Zu diesem Werke werden besonders geliefert:

Versuchs-Berichte zum Selbsteintragen. Geh. *M* 1.25

Verlegerteuerungszuschlag 100 %

Kurzes chemisches Praktikum für Mediziner und Landwirte

von **Dr. Fritz Arndt**
Professor der Chemie an der Universität Breslau

Dritte verbess. Aufl. VIII u. 96 S. Groß-Oktav. Geb. *M* 9.—

Ohne Verlegerteuerungszuschlag

Dieser Leitfaden, der kürzlich in neuer, vermehrter und erhöhter Auflage erschienen ist, will vor allem Kenntnis und Verständnis der Grundzüge der allgemeinen Chemie vermitteln, und das physiologisch-chemische Praktikum ergänzen. Außer dem Studierenden der Medizin wird auch der praktische Arzt gern und oft zu dem Buche greifen, das alles Notwendige zum theoretischen und praktischen Verständnis der allgemeinen Chemie kurz und klar enthält.

Über die Lösungen

Einführung in die Theorie der Lösungen, die Dissoziationstheorie und das Massenwirkungsgesetz

von **Dr. Walter Herz**
Professor der Chemie an der Universität Breslau

Zweite Auflage. Groß-Oktav. Geh. *M* 5.—

Verlegerteuerungszuschlag 50 %

Metzger & Wittig, Leipzig.

MIX
Papier | Fördert gute Waldnutzung
FSC® C083411

Zeitfracht Medien GmbH
Ferdinand-Jühlke-Straße 7
99095 Erfurt, Deutschland
produktsicherheit@kolibri360.de